高职高专土建专业"互联网+"创新规划教材

工程测量技术
实验指导

主　编◎马华宇　柴伟杰
副主编◎张文明
参　编◎陈春红　翟银凤　韩瑞丹
　　　　杜红飞　李延鹏

内 容 简 介

本书是高职高专土木建筑类专业"互联网+"创新规划教材,依据"工程测量技术"课程标准进行编写。全书共分为4章和2个附录,包括测量实操须知,课堂测量实验指导,测量实习(1周)指导,测量实训(2周)指导,测量综合应用案例,工程测量测试题。

本书是与《工程测量技术》配套使用的辅助教材。在开展工程测量课堂实验教学和测量实习、实训时,应先仔细阅读实验、实习、实训指导,再按要求将测量数据记录填写在相应的表格中。

本书可以作为高职高专院校土木建筑类、交通运输类相关专业的教学用书,也可作为相关工程技术人员的参考资料。

图书在版编目(CIP)数据

工程测量技术实验指导 / 马华宇,柴伟杰主编. 北京:北京大学出版社,2025.3. -- (高职高专土建专业"互联网+"创新规划教材). -- ISBN 978-7-301-36088-0

Ⅰ.TB22

中国国家版本馆 CIP 数据核字第 2025KN8633 号

书 名	工程测量技术实验指导
	GONGCHENG CELIANG JISHU SHIYAN ZHIDAO
著作责任者	马华宇 柴伟杰 主编
策划编辑	赵思儒
责任编辑	伍大维
数字编辑	蒙俞材
标准书号	ISBN 978-7-301-36088-0
出版发行	北京大学出版社
地 址	北京市海淀区成府路 205 号 100871
网 址	http://www.pup.cn 新浪微博:@北京大学出版社
电子邮箱	编辑部 pup6@pup.cn 总编室 zpup@pup.cn
电 话	邮购部 010-62752015 发行部 010-62750672 编辑部 010-62750667
印刷者	北京飞达印刷有限责任公司
经销者	新华书店
	787 毫米×1092 毫米 16 开本 11.25 印张 270 千字
	2025 年 3 月第 1 版 2025 年 3 月第 1 次印刷
定 价	39.00 元

未经许可,不得以任何方式复制或抄袭本书之部分或全部内容。
版权所有,侵权必究
举报电话:010-62752024 电子邮箱:fd@pup.cn
图书如有印装质量问题,请与出版部联系,电话:010-62756370

　　本书为高职高专"工程测量技术"课程配套的实验、实习和实训指导书，它紧密对接"工程测量员"岗位的技能需求，依据修编的"工程测量技术"课程标准和测量实习、实训标准，同时结合全国职业院校技能大赛高职组测绘测量赛项的要求及"1+X"证书考核的技术标准进行编写。

　　本书以党的二十大精神为指引，总结了编者的教学和实践经验，并采用活页形式进行编排，方便教师根据教学实际情况灵活选择教学内容，也方便学生根据个人掌握情况将学习笔记、心得体会或是新规范、新工艺等参考资料插入教材中。

　　第一章"测量实操须知"系统介绍了实验、实习、实训应做的各类准备工作；正确使用测量仪器与工具的有关规定和注意事项；测量数据记录和计算的基本要求。本章的学习目的是培养学生爱护仪器、规范操作的观念，预防学生在实操过程中出现各种问题。

　　第二章"课堂测量实验指导"是验证理论知识和培养学生动手能力非常重要的教学环节，有助于加深学生对知识的理解、锻炼学生的实操技能、培养学生规范处理数据的能力。本部分共包含 21 个实验，每个实验安排 2 个学时进行教学，任课教师可以根据授课对象的专业背景和课程标准对实验内容进行综合取舍。为方便教学，本书实验部分按照《工程测量技术》的章节顺序编排，每个实验均包含技能训练指导和实验报告两个部分。

　　第三章和第四章是针对各专业人才培养方案要求设置的 1 周或者 2 周的集中实践教学环节的任务指导书。这些任务指导书主要包含测量实习（训）计划、技术指导和成果报告三个部分。为方便区分，我们将集中实践教学环节学时为 1 周的称为测量实习，将学时为 2 周的称为测量实训。根据测量工作"先控制后碎部"的原则，测量实习主要测重于图根控制测量和点位放样的练习，测量实训则主要测重于图根控制测量、数字地形图的测绘和点位放样的训练。此外，各专业可以结合自身的专业特点，设置不同的测量任务，通过具体的测绘项目将实操任务具体化，以培养学生运用所学知识分析和解决实际问题的能力。

　　附录 A 是××公司办公大楼工程施工测量方案综合应用案例，附录 B 是工程测量测试题。加入这两部分内容的目的是训练学生对测量理论知识的综合运用能力，测试学生对理论知识的理解能力，同时，这两部分内容也可以作为教师测试教学效果的手段之一。

本书由河南建筑职业技术学院马华宇和柴伟杰担任主编，河南建筑职业技术学院张文明担任副主编；河南建筑职业技术学院陈春红、翟银凤、韩瑞丹，河南省中工设计研究院集团股份有限公司杜红飞，郑州市郑土测绘服务有限公司李延鹏参与本书编写。本书具体编写分工如下：第一章由马华宇编写；第二章由张文明、陈春红、翟银凤、柴伟杰共同编写；第三章由马华宇和杜红飞共同编写；第四章由马华宇和李延鹏共同编写；附录 A 由杜红飞和李延鹏编写；附录 B 由韩瑞丹和柴伟杰共同编写。全书由马华宇统稿。

本书在编写过程中参阅了大量文献资料，在此对相关资料的作者表示衷心的感谢。

由于编者水平有限，书中难免存在不足之处，敬请读者批评指正。读者如有意见或建议可发送邮件至 94666631@qq.com。

编　者
2024 年 12 月

资源索引

目 录

第一章　测量实操须知　　1

第一节　实验、实习与实训的基本规则　　2
第二节　仪器与工具使用注意事项　　4
第三节　测量记录要求　　6

第二章　课堂测量实验指导　　7

第一节　水准仪的认识与使用　　8
第二节　高差法闭合水准测量　　13
第三节　视线高法水准测量　　17
第四节　水准仪的检验与校正　　21
第五节　全站仪的认识与使用　　27
第六节　测回法测量水平角　　31
第七节　全圆方向观测法测量水平角　　35
第八节　竖直角测量与竖盘指标差的检验　　39
第九节　全站仪的检验与校正　　43
第十节　钢尺量距　　49
第十一节　全站仪测距　　53
第十二节　导线测量　　57
第十三节　四等水准测量　　63
第十四节　全站仪数字测图　　67
第十五节　水平角与水平距离放样　　71
第十六节　极坐标法放样　　75
第十七节　全站仪坐标放样　　79
第十八节　GNSS 坐标放样　　83

第十九节　放样已知高程和坡度线……………………………………………87
　　第二十节　圆曲线主点测设…………………………………………………91
　　第二十一节　道路纵断面测量………………………………………………97

第三章　测量实习（1周）指导 … 101

　　第一节　测量实习计划………………………………………………………102
　　第二节　测量实习技术指导…………………………………………………105
　　第三节　测量实习成果报告…………………………………………………107

第四章　测量实训（2周）指导 … 121

　　第一节　测量实训计划………………………………………………………122
　　第二节　测量实训技术指导…………………………………………………126
　　第三节　测量实训成果报告…………………………………………………129

附录A　测量综合应用案例 … 149

　　××公司办公大楼工程施工测量方案…………………………………………151

附录B　工程测量测试题 … 155

　　工程测量测试题（一）………………………………………………………157
　　工程测量测试题（二）………………………………………………………160
　　工程测量测试题（三）………………………………………………………163
　　工程测量测试题（四）………………………………………………………168

参考文献 … 174

ится

第一章 测量实操须知

工程测量技术实验指导

第一节 实验、实习与实训的基本规则

一、目的与要求

测量实验的目的：一方面，旨在使学生验证和巩固课堂教学的理论知识；另一方面，意在使学生熟悉测量仪器的构造及其使用方法，从而真正实现理论与实践相结合。测量实验能使学生增强感性认识，培养学生进行测量操作的基本技能；通过实验报告与课堂作业，能够加深学生对教学内容的理解，加强学生数据计算和处理测量成果的能力。

测量实习的目的是进一步贯彻理论联系实际的原则，使学生接受一次系统性的测量实践训练。其具体目的与要求详见第三章。

测量实训是学生顶岗实习之前增加的一项实训项目，其目的是增强学生对测量知识的理解、帮助学生熟练掌握各种常用仪器的使用方法，使学生能使用全站仪等工具进行数据采集、绘图、放样等工作。其具体目的与要求详见第四章。

二、准备工作

实验、实习与实训之前，学生必须复习《工程测量技术》教材中的有关内容，并认真预习《工程测量技术实验指导》的相关内容，明确实验、实习与实训的目的、要求、方法、步骤及注意事项，以便顺利地按时完成任务。

三、实验、实习与实训的组织

实验、实习与实训应分组进行。组长负责本组的全面组织协调工作。所用仪器、物品，应以小组为单位，由组长（或指定专人）负责向仪器室领借，并办理领借和归还手续。实习所用仪器的种类及数目，应清点清楚，如有不符或缺损，应及时向发放人员说明，做好书面记录，以分清责任，便于后续处理。

四、实验、实习与实训的纪律及作业要求

（1）实验、实习与实训是十分重要的实践性教学环节，每个学生都必须以严肃认真的态度对待，不得敷衍了事。在实习期间，应积极发扬团结协作精神，服从组长的任务分配，并积极负责完成所承担的工作。如暂未轮到或未被分配到具体任务，也应专注观察他人的操作流程，不得在旁边嬉笑打闹或做与实验无关的事情。

（2）实验、实习与实训应在规定的时间和地点进行，学生不得无故缺席或迟到、早退，不得擅自改变地点或离开现场。

（3）各小组借用的仪器与工具均应注意妥善保管。在整个实习过程中，应认真遵守仪器与工具使用注意事项。未经指导老师许可，不得转借或调换仪器与工具。若发现仪器与工具有损坏或遗失，应立即向指导老师报告，并按有关规定处理。

（4）在实验、实习与实训期间，应严格遵守纪律。如遇有非实验人员要求看仪器或询问，应尽量解释，避免态度生硬，以免发生误会或冲突。

（5）实验、实习与实训结束后，应提交书写工整、规范的实验报告或实习记录，经指导老师检查并同意后，方可收拾仪器并结束工作。

第二节　仪器与工具使用注意事项

一、测量仪器的使用和维护

如何做好测绘安全防范工作？

1．领取仪器时应做的检查

（1）仪器箱盖是否关妥、锁好。

（2）背带、提手是否牢固。

（3）三脚架与仪器是否相配，三脚架各部分是否完好，三脚架腿伸缩处的连接螺旋是否滑丝。要防止因三脚架未架牢而摔坏仪器，或因三脚架不稳而影响作业。

2．打开仪器箱时的注意事项

（1）仪器箱应平放在地面上或其他台子上才能开箱，不要托在手上或抱在怀里开箱，以免将仪器摔坏。

（2）开箱后未取出仪器前，要注意仪器安放的位置与方向，以免用完装箱时因安放位置不正确而损伤仪器。

3．自箱内取出仪器时的注意事项

（1）不论何种仪器，在取出前一定要先放松制动螺旋，以免取出仪器时因强行扭转而损坏制动、微动装置，甚至损坏轴系。

（2）自箱内取出仪器时，应一手握住照准部支架，另一手扶住基座部分，轻拿轻放，切勿单手抓握仪器，以免损坏。

（3）自箱内取出仪器后，要随即将仪器箱盖好，以免沙土、杂草等不洁之物进入箱内，还要防止在搬动仪器时丢失附件。

（4）取出仪器和使用仪器过程中，要注意避免触摸仪器的目镜、物镜，以免污损，影响成像质量。不允许用手指或手帕等物去擦仪器的目镜、物镜等光学部分。

4．架设仪器时的注意事项

（1）伸缩式三脚架的三条腿抽出后，要把固定螺旋拧紧，但不可用力过猛而造成螺旋滑丝。要防止因螺旋未拧紧而使三脚架自行收缩而摔坏仪器。三脚架三条腿拉出的长度要适中。

（2）架设三脚架时，三条腿分开的跨度要适中；分得太近容易被碰倒，分得太开则容易滑开，都可能造成仪器损坏。若在斜坡上架设仪器，应使两条腿在坡下（可稍放长），一条腿在坡上（可稍缩短），以保持三脚架的平衡。若在光滑地面上架设仪器，则要采取安全措施（如用细绳将三脚架的三条腿连接起来），防止三脚架滑动摔坏仪器。

（3）在三脚架安放稳妥并将仪器放到三脚架上后，应一手握住仪器，另一手立即旋紧仪器和三脚架间的中心连接螺旋，避免仪器从三脚架上掉下摔坏。

（4）仪器箱多为薄型材料制成，不能承重，因此，严禁蹬、坐在仪器箱上。

5. 仪器在使用过程中的注意事项

（1）在阳光下观测必须撑伞，防止仪器被日晒。雨天应禁止观测，防止仪器被雨淋。对于电子测量仪器，在任何情况下均应撑伞防护，以确保其正常使用和延长使用寿命。

（2）任何时候仪器旁都必须有人守护。禁止无关人员拨弄仪器，同时要注意防止行人、车辆碰撞仪器。

（3）如遇目镜、物镜外表面蒙上水汽而影响观测（在冬季较常见），应稍作等待或用纸片扇风加速水汽挥发。如镜头上有灰尘，应用仪器箱中的软毛刷轻轻拂去。严禁用手帕或其他纸张擦拭，以免擦伤镜面。观测结束后，应及时套上物镜盖，以保护镜头不受污染。

（4）操作仪器时，用力要均匀适度，动作要准确、轻捷。制动螺旋不宜拧得过紧，微动螺旋和脚螺旋宜使用中段螺纹，用力过大或动作太猛都会对仪器造成损伤。

（5）转动仪器时，应先松开制动螺旋，然后平稳、缓慢地转动。使用微动螺旋时，应先旋紧制动螺旋。

6. 仪器迁站时的注意事项

（1）在远距离迁站或通过行走不便的地区时，必须将仪器装箱后再迁站。

（2）在近距离且平坦地区迁站时，可将仪器连同三脚架一起搬迁。首先，检查连接螺旋是否旋紧，然后松开各制动螺旋，再将三脚架腿收拢。搬迁时，应一手托住仪器的支架或基座，另一手抱住三脚架，保持稳步行走。搬迁时切勿跑行，以防摔坏仪器。严禁将仪器横扛在肩上搬迁。

（3）迁站时，要清点所有的仪器和工具，防止丢失。

7. 仪器装箱时的注意事项

（1）仪器使用完毕，应及时盖上物镜盖，清除仪器表面的灰尘和仪器箱、三脚架上的泥土和杂物。

（2）仪器装箱前，要先松开各制动螺旋，将脚螺旋调至中段并使之大致等高。然后，一手握住支架或基座，另一手轻轻旋开中心连接螺旋，双手将仪器从三脚架上取下并放入仪器箱内。

（3）仪器装入箱内要试盖一下，若箱盖不能顺利合上，则说明仪器未正确放置，此时应重新放置仪器。严禁强行压下箱盖，以免损坏仪器。在确认仪器安放正确后，再将各制动螺旋略微旋紧，防止仪器在箱内自由转动而损坏某些部件。

（4）清点箱内附件，确保无缺失或损坏，然后将箱盖盖好、扣紧搭扣，并上锁以确保安全。

二、测量工具的使用要求

（1）使用钢尺时，应防止扭曲、打结，避免行人踩踏或车辆碾压，以防钢尺折断。携尺前进时，不得沿地面拖拽，以免钢尺尺面刻划磨损。使用完毕，应将钢尺擦净并涂油防锈。

（2）使用皮尺时应避免沾水，若不慎受水浸，应将皮尺晾干后再小心卷入皮尺盒内。收卷皮尺时，切忌扭转卷入。

（3）水准尺和标杆应注意妥善放置，防止受到横向压力。不得将水准尺和标杆斜靠在墙上、树上或电线杆上，以防倒下摔断。同时，不允许在地面上拖拽水准尺和标杆，也不得用标杆作标枪投掷。

（4）小件工具如垂球、尺垫等，使用后应立即收回并妥善保管，防止遗失。

第三节　测量记录要求

（1）观测记录必须直接填写在规定的表格内，不得用其他纸张记录再行转抄。

（2）凡记录表格上规定填写的项目应填写齐全。

（3）所有记录与计算均应用铅笔（2H 或 3H）记载。字体应端正清晰，字高应稍大于格子的一半。一旦记录中出现错误，便可在数字上方留出的空隙处对错误的数字进行更改。

（4）观测者读数后，记录者应立即回报读数，经观测者确认无误后再记录，以防听错、记错。

（5）禁止擦拭、涂改与挖补。发现错误应在错误处用横线划去，并将正确数字写在原数上方，不得使原数模糊不清。淘汰某整个部分时，可用斜线划去，但应保持被淘汰的数字仍然清晰。所有记录的修改和观测成果的淘汰，均应在备注栏内注明原因（如测错、记错或超限等）。

（6）禁止连环更改。若已修改了某平均数，则不允许再修改计算得此平均数的任何一个原始读数。若已改正一个原始读数，则不允许再修改其平均数。假如两个读数均错误，则应重新测量并重新记录。

（7）读数和记录数据的位数应齐全。如在普通测量中，水准尺读数为 0325，度盘读数为 4°03′06″，其中的"0"均不能省略。

（8）数据计算时，应根据所取的位数，按"四舍六入、五前单进双不进"的规则进行凑整。如 1.3144、1.3136、1.3145、1.3135 等数，若取三位小数，则均记为 1.314。

（9）每测站观测结束，应在现场及时完成计算和检核工作，确认合格后方可进行下一站的观测。

第二章 课堂测量实验指导

第一节 水准仪的认识与使用

一、目的和要求

（1）了解 DS3 型水准仪的基本构造，认识其各主要部件的名称和作用。
（2）练习水准仪的操作过程，培养动手能力。
（3）通过练习测定地面两点间的高差，进一步理解水准测量原理。

二、仪器和工具

DS3 型水准仪（或自动安平水准仪）1 台、水准尺 1 对、三脚架 1 个、记录本 1 本。

三、方法和步骤

1. 安置仪器

将三脚架张开，使其高度适当，架头大致水平，并将架腿的尖脚踩入土中；再开箱取出仪器，将其固定在三脚架上。

2. 认识仪器

指出仪器各部件的名称，了解其作用并熟悉其使用方法，同时弄清水准尺的分划与注记。

3. 粗略整平

先用双手同时向内（或向外）转动一对脚螺旋，使圆水准器气泡在平行于该对脚螺旋连线的方向上移动至中间，再转动另一只脚螺旋使气泡在垂直于刚才的方向上居中。此操作通常需反复进行，以确保气泡完全居中。注意，气泡移动的方向与左手拇指或右手食指运动的方向一致。

4. 瞄准水准尺、精平与读数

（1）瞄准水准尺。

① 司尺员将水准尺立于某地面点上，观测员松开水准仪制动螺旋，用准星和照门粗略瞄准水准尺，固定制动螺旋，用微动螺旋使水准尺位于视场中央。

② 观测员转动目镜对光螺旋进行对光，使十字丝分划清晰，再转动物镜调焦螺旋看清水准尺影像。

③ 观测员转动水平微动螺旋，使十字丝竖丝靠近水准尺一侧。若在此过程中发现存在视差，则应通过仔细调整物镜对光予以消除。

（2）精平（对于自动安平水准仪此步骤可省略）。观测员转动微倾螺旋，使符合水准器气泡两端的影像吻合（即呈一完整的圆弧状）。

（3）读数。观测员用中丝在水准尺上读取4位读数，即米、分米、厘米及毫米位。读数时，观测员应先估读出毫米数，然后按米、分米、厘米，依次读出4位数。

5．测定地面两点之间的高差

（1）在地面上选定 A、B 两个较坚固的点，做上标志。

（2）在 A、B 两点之间安置水准仪，使仪器至 A、B 两点的距离大致相等。

（3）竖立水准尺于点 A 上。瞄准点 A 上的水准尺，精平后读数，此为后视读数，记入表中测点 A 一行的后视读数栏下。

（4）将水准尺立于点 B。瞄准点 B 上的水准尺，精平后读取前视读数，并记入表中测点 B 一行的前视读数栏下。

四、注意事项

（1）对于初学者，第一次使用水准仪时，一定要确保仪器的安全使用。在调整旋钮时，如果已达到极限位置，应及时向相反方向轻轻旋转旋钮，以避免过度拧紧造成仪器损坏。之后，可以根据需要重新调整旋钮，以免损坏仪器。

（2）读数的估读要真实合理。

（3）体验视差的存在和消除过程。

实验报告（一）水准仪的使用

（1）水准仪由哪几部分构成？每个部件各有什么作用？

（2）简述水准仪的安置步骤。

（3）读数练习。

测站	点号		后视读数 a/m	前视读数 b/m	高差 h/m	备注
	后视					
	前视					
	后视					
	前视					
	后视					
	前视					
	后视					
	前视					
	后视					
	前视					
计算校核			$\sum a=$	$\sum b=$	$\sum h=$	
			$\sum a - \sum b =$			

（4）疑难问题备注。

第二节　高差法闭合水准测量

一、目的和要求

（1）练习等外水准测量的观测、记录、计算与检核的方法。
（2）由一个已知高程点开始，经待定高程点，进行闭合水准路线测量，求出待定高程点的高程。

二、仪器和工具

DS3 型水准仪 1 台、水准尺 1 对、三脚架 1 个、记录本 1 本。

三、方法和步骤

（1）在地面选定已知高程点，其高程值由指导老师提供。安置仪器于起点和待定 1 点之间，目估前后视距离大致相等，进行粗略整平和目镜对光。测站编号为 1。
（2）后视起点上的水准尺，精平后读取后视读数 a_1，记入记录表中。
（3）前视待定 1 点上的水准尺，精平后读取前视读数 b_1，记入记录表中。
（4）计算高差：高差等于后视读数减去前视读数。
（5）迁站至第 2 站继续观测。沿选定的路线，将仪器迁至点 1 和点 2 的中间，仍用第 1 站施测的方法，后视点 1，前视点 2，依次连续设站，连续观测，最后仍回至起点。
（6）计算待定点初算高程：根据已知高程点的高程和各点间的观测高差计算待定点的初算高程。
（7）计算检核：后视读数之和减去前视读数之和应等于高差之和，也等于终点高程与起点高程之差。
（8）观测精度检核：计算高差闭合差及高差闭合差容许值，如果高差闭合差小于高差闭合差容许值，则观测合格；否则，应重测。
（9）经检查观测合格后，对水准测量结果进行平差改正。

四、注意事项

（1）在每次读数前，应使水准管气泡严格居中，并消除视差。
（2）应使前后视距离大致相等。

（3）在已知高程点和待定高程点上不能放置尺垫。转点用尺垫时，应将水准尺置于尺垫半圆球的顶点上。

（4）尺垫应踏入土中或置于坚固地面上，在观测过程中不得碰动仪器或尺垫，迁站时应保护前视尺垫不得移动。

（5）水准尺必须扶直，不得倾斜。

实验报告（二）高差法水准测量观测记录表

测站	测点	水准尺读数/m		高差 h/m	高程/m	备注
		后视 a/m	前视 b/m			
计算校核		∑a=	∑b=	∑h=	$H_{终}-H_{始}$=	
		∑a−∑b=				

第三节　视线高法水准测量

一、目的和要求

（1）熟悉视线高法水准测量的作业流程，练习视线高法等外水准测量观测、记录、计算与检核的方法。

（2）由一个已知高程点开始，经若干转点，测量出模拟施工场地上多个前视点高程，并求出该场地的平均高程。

二、仪器和工具

DS3 型水准仪 1 台、水准尺 1 对、尺垫 2 个、三脚架 1 个、记录本 1 本。

三、方法和步骤

（1）如图 2.1 所示，点 A 为已知高程点，其高程值 H_A 由指导老师提供，由于距离模拟施工场地较远，需先选择转点 TP_1 到施工场地附近。

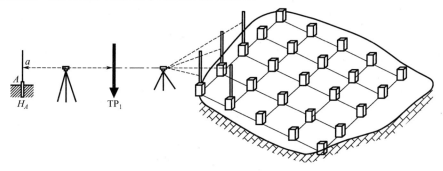

图 2.1　视线高法水准测量

（2）第 1 站安置仪器于点 A 和转点 TP_1（放置尺垫）之间，目估前后视距离大致相等，进行粗略整平和目镜对光。测站编号为 1。

（3）后视点 A 上的水准尺，精平后读取后视读数 a，记入记录表中。

（4）计算第 1 站视线高程：视线高程等于后视读数加后视点的高程，$H_{i1}=H_A+a$。

（5）前视转点 TP_1 上的水准尺，精平后读取前视读数 b，记入记录表中。

（6）计算转点 TP_1 的高程 $H_{TP_1}=H_{i1}-b$，记入记录表中；如果距离模拟的施工现场还比较远，则可以继续选择转点 TP_2、TP_3，用同样的方法测得它们的高程。

（7）迁站至第 2 站继续观测。沿选定的路线，将仪器迁至点 TP_1 和施工现场的中间，后

视点 TP_1，读数后计算第 2 站的视线高程 H_{i2}。

（8）由于任务要求计算施工现场的平均高程，因此可以在施工现场均匀选择若干特征点 B_1、B_2…，分别在点上竖立水准尺，依次读取其前视读数 b_1、b_2…。

（9）分别计算每个特征点的高程 $H_{B1}=H_{i2}-b_1$、$H_{B2}=H_{i2}-b_2$…，最后计算出该场地的平均高程。

四、注意事项

（1）在每次读数之前，应使水准管气泡严格居中，并消除视差。

（2）应使前后视距离大致相等。

（3）在已知高程点和待定高程点上不能放置尺垫。转点用尺垫时，应将水准尺置于尺垫半圆球的顶点上。

（4）尺垫应踏入土中或置于坚固地面上，在观测过程中不得碰动仪器或尺垫，迁站时应保护前视尺垫不得移动。

（5）水准尺必须扶直，不得倾斜。

实验报告（三）视线高法水准测量观测记录表

点号	后视读数/m	视线高程/m	前视读数/m		高程/m	备注
			转点	特征点		
A						
TP_1						
TP_1						
B_1						
B_2						
B_3						
B_4						
B_5						
B_6						
B_7						
B_8						
B_9						
B_{10}						

该场地平均高程：$H_{平均}=$

第四节 水准仪的检验与校正

一、目的和要求

（1）了解水准仪各轴线间应满足的几何条件。
（2）掌握水准仪检验与校正的方法。
（3）要求检校后的 i 角不得超过±20″，其他条件需检校到无明显偏差为止。

二、仪器和工具

DS3 水准仪 1 台、水准尺 1 对、皮尺 1 把、木桩（或尺垫）2 根（个）、拨针 1 根、螺丝刀 1 把。

三、方法和步骤

1. 一般性检验

安置仪器后，首先检验三脚架是否牢固，制动螺旋、微动螺旋、微倾螺旋、对光螺旋、脚螺旋等是否有效，望远镜成像是否清晰。

2. 圆水准器轴应平行于仪器竖轴的检验与校正

（1）检验：转动脚螺旋，使圆水准器气泡居中，将仪器绕竖轴旋转 180°以后，如果气泡仍居中，则说明此条件满足；如果气泡偏出分划圈之外，则需校正。

（2）校正：先稍旋松圆水准器底部中央的固定螺钉，然后用拨针拨动圆水准器的校正螺钉，使气泡向居中方向退回偏离量的一半，再转动脚螺旋使气泡居中。如此反复检校，直到圆水准器转到任何位置时，气泡都在分划圈内。最后旋紧固定螺钉。圆水准器校正示意与原理图分别如图 2.2、图 2.3 所示。

3. 十字丝横丝垂直于仪器竖轴的检验与校正

（1）检验（图 2.4）：用十字丝交点瞄准一明显的点状目标 P，转动微动螺旋，若目标点始终不离开横丝，则说明此条件满足；否则需校正。

（2）校正（图 2.5）：旋下十字丝分划板护罩（有的仪器无十字丝分划板护罩），先用螺丝刀旋松分划板座上的 4 个固定螺钉，然后转动分划板座，使目标点 P 与横丝重合。反复检验与校正，直到条件满足。最后将固定螺钉旋紧，并旋上十字丝分划板护罩。

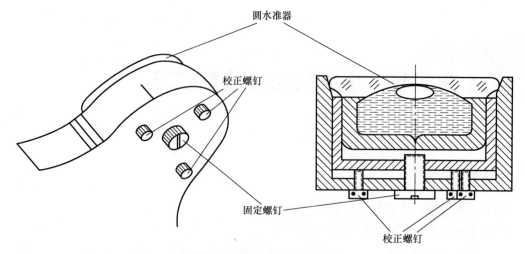

图 2.2　圆水准器校正示意图

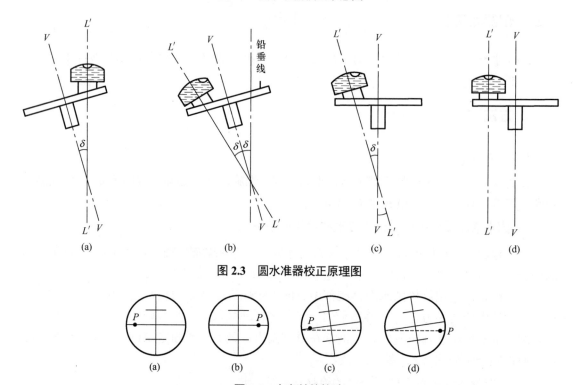

图 2.3　圆水准器校正原理图

图 2.4　十字丝的检验

4. 视准轴平行于水准管轴的检验与校正

（1）检验（图 2.6）：在 I 处安置水准仪，用皮尺从仪器向两侧各量约 40m，定出等距离的 A、B 两点，打桩或放置尺垫。用变动仪器高法（或双面尺法）测出 A、B 两点的高差。当两次测得高差之差不大于 3mm 时，取其平均值作为最后的正确高差，用 h_{AB} 表示。

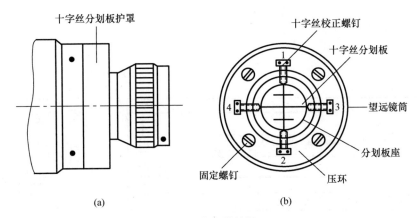

图 2.5　十字丝的校正

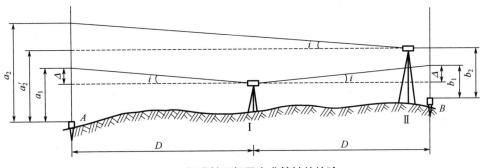

图 2.6　视准轴平行于水准管轴的检验

再安置仪器于点 B 附近的 Ⅱ 处，瞄准点 B 的水准尺，读数为 b_2，再根据 A、B 两点的正确高差算得点 A 尺上应有的读数 $a'_2=b_2+h_{AB}$，与在点 A 尺上的实际读数 a_2 比较，由此计算角值为

$$i = \frac{a'_2 - a_2}{D_{AB}} \rho''$$

式中，$\rho''=206265''$；D_{AB} 为 A、B 两点间的距离。

（2）校正：转动微动螺旋，使十字丝的中丝对准点 A 尺上应有的读数 a'_2，这时水准管气泡不居中，可用拨针拨动水准管一端上下两个校正螺钉（图 2.7），使气泡居中，旋松上下两个校正螺钉前，应先稍微旋松左右两个校正螺钉，待校正完毕再旋紧。反复检校，直到 $i \leq 20''$。

四、注意事项

（1）检校仪器时必须按上述的规定顺序进行，不能颠倒。
（2）校正用的工具要配套，拨针的粗细与校正螺钉的孔径要相适应。
（3）拨动校正螺钉时，应先松后紧，松紧适当。

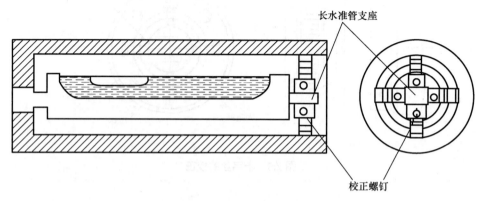

图 2.7 水准管轴的校正

实验报告（四）水准仪的检验与校正

1. 一般性检验

三脚架是否牢固		校正后情况	
制动及微动螺旋是否有效			
其他			

2. 圆水准器轴平行于竖轴

旋转180°检验次数	气泡偏离情况/mm	校正后情况

3. 十字丝横丝垂直于竖轴

检验次数	误差情况	校正后情况
1		
2		

4. 视准轴平行于水准管轴

	仪器在中点求正确高差			仪器在 B 点旁检验校正	
第一次	A 点尺上读数 a_1		第一次	B 点尺上读数 b_2	
	B 点尺上读数 b_1			A 点尺上读数 a_2	
	$h_1=a_1-b_1$			A 点尺上应读数 $a_2'=b_2+h_1$	
				视准轴偏上（或偏下）之数值 i 角	
第二次	A 点尺上读数 a_3		第二次	A 点尺上读数 a_4	
	B 点尺上读数 b_3			B 点尺上读数 b_4	
	$h_2=a_3-b_3$			A 点尺上应读数 $a_4'=b_4+h_2$	
				视准轴偏上（或偏下）的数值 i 角	
平均值	平均高差 $h=\dfrac{1}{2}(h_1+h_2)=$		校正后	B 点尺上读数 b	
				A 点尺上读数 a	
				A 点尺上应读数 $a'=b+h$	
				视准轴偏上（或偏下）的数值 i 角	

第五节　全站仪的认识与使用

一、目的与要求

（1）了解全站仪的基本构造及其主要部件的名称及作用。
（2）练习全站仪对中、整平、瞄准与读数的方法，并掌握基本操作要领。
（3）要求对中误差小于 2mm，整平误差小于一格。

二、仪器和工具

全站仪 1 台、三脚架 1 个、棱镜 1 个。

三、方法和步骤

1. 仪器安装

伸开三脚架置于测站上方，将全站仪置于三脚架头中央位置，一只手握住仪器，另一只手将三脚架中心螺旋旋入仪器基座中心螺孔中并紧固。

2. 仪器对中

若全站仪是光学对中，则观察光学对中器，分别旋转光学对中器的目镜调焦螺旋和物镜调焦螺旋，使对中标志和测站点标志周边物体同时清晰。如果在视场内看不到测站点标志，则平移三脚架，使测站点标志进入仪器视场并靠近对中标志，然后踩踏三脚架使其稳固。接着，先通过调节三脚架使圆水准器气泡大致居中，再调节脚螺旋，使地面测站点精确地对准对中标志并居中。

若全站仪是激光对中，则打开电源开关，开机后调出激光对中点，然后通过平移三脚架，使激光对中点对准测站点即可。

3. 仪器整平

（1）粗略调平：观察圆水准器气泡，先用左脚踏三脚架的左边脚架，通过伸缩脚架腿使气泡移动到右边脚架平行线上,再换右脚踏三脚架右边脚架,同样通过伸缩脚架腿使气泡居中。这个过程需重复进行,直到气泡居中。

(2)精密调平:先放松照准部水平制动螺旋,使水准管与一对脚螺旋的连线平行,再两手同时向内或向外旋转,使水准管气泡居中。接着,将仪器绕竖轴转动90°,使水准管垂直于原来两脚螺旋的连线,然后转动第三只脚螺旋,使气泡再次居中。如此反复调试,直至仪器转到任何方向时,气泡中心偏离水准管零点都在一格以内。

4. 检查对中和整平

重复检查对中器是否还对中,如果测站点偏离了对中器中心,则应松开中心螺旋,将仪器基座平移,使对中器中心与测站点重合,然后旋紧中心螺旋。接着,检查水准管气泡是否居中。

对中和整平是同时交替进行的,两项工作相互影响。操作过程需要反复进行,直到对中和整平都达到要求。

5. 瞄准

(1)将望远镜对着天空(或白净墙面),转动目镜使十字丝清晰。

(2)用望远镜上的光学瞄准器瞄准目标,再从望远镜中观看,若目标位于视场内,则可固定望远镜制动螺旋和水平制动螺旋。

(3)转动物镜调焦螺旋使目标影像清晰后,再调节望远镜微动螺旋和照准部微动螺旋,用十字丝的竖丝对准目标中心(或将目标中心精确置于十字丝竖丝上)。

(4)眼睛微微左右移动,检查有无视差。若有,应转动物镜及目镜调焦螺旋予以消除。

6. 读数

盘左瞄准目标,读出水平度盘读数,纵转望远镜成盘右位置,再次瞄准该目标读数,两次读数之差约为180°,以此检核瞄准和读数是否正确。

实验报告（五）全站仪的认识与使用

（1）全站仪有哪几部分构成？每个部件各有什么作用？

（2）简述全站仪的安置步骤。

（3）读数练习。

测站	竖盘位置	目标	水平度盘读数			水平角值			备注
			/(°)	/(′)	/(″)	/(°)	/(′)	/(″)	
O	左	A							
		B							
	右	A							
		B							
	左	A							
		B							
	右	A							
		B							

（4）疑难问题备注。

第六节　测回法测量水平角

一、目的与要求

（1）掌握测回法测量水平角的方法、记录及计算。
（2）每人对同一角度观测一测回，上下半测回角值之差不得超过±40″，各测回角值互差不得超过±24″。

测回法观测水平角

二、仪器和工具

全站仪1台、记录本1本、伞1把、标杆2个。

三、方法和步骤

（1）每组选一测站点 B 安置仪器，对中、整平后，再选定 A、C 两个目标。
（2）盘左瞄准左目标 A，将水平度盘读数归零，记录水平度盘读数 a_1，记入手簿。
（3）顺时针方向转动照准部，瞄准目标 C，读数 b_1 并记录，盘左测得 $\angle ABC$ 为

$$\beta_左 = b_1 - a_1$$

（4）纵转望远镜成盘右位置，先瞄准目标 C，读数 b_2 并记录，逆时针方向转动照准部，瞄准目标 A，读数 a_2 并记录，盘右测得 $\angle ABC$ 为

$$\beta_右 = b_2 - a_2$$

（5）若盘左、盘右两个半测回角值之差不超过±40″，则计算一测回角值为

$$\beta = \frac{1}{2}(\beta_左 + \beta_右)$$

（6）观测第二测回时，应将起始方向 A 的度盘读数设置为 90°，测量计算方式同第一测回。

各测回角值互差不超过±24″，计算其平均值为第二测回角值。

四、注意事项

应注意分清左右目标，以免测反角度。

实验报告（六）水平角观测手簿（测回法）

测站	盘位	目标	水平度盘读数 /(° ′ ″)	半测回角值 /(° ′ ″)	一测回角值 /(° ′ ″)	各测回角值 /(° ′ ″)	备注
O	左	A					
		B					
	右	A					
		B					
	左						
	右						
	左						
	右						
	左						
	右						
	左						
	右						
	左						
	右						

第七节 全圆方向观测法测量水平角

方向观测法

一、目的与要求

（1）练习全圆方向观测法观测水平角的操作方法、记录和计算。
（2）半测回归零差不得超过±18″。
（3）各测回同一方向归零方向值互差不得超过±24″。

二、仪器和工具

全站仪1台、记录本1本、伞1把。

三、方法和步骤

（1）在测站点 O 安置仪器，对中、整平后，选定 A、B、C、D 4个目标。
（2）盘左瞄准起始目标 A，并使水平度盘读数归零，读数并记录。
（3）顺时针方向转动照准部，依次瞄准 B、C、D、A 各目标，分别读取水平度盘读数并记录，检查归零差是否超限。
（4）纵转望远镜成盘右位置，逆时针方向依次瞄准 A、D、C、B、A 各目标，读数并记录，检查半测回归零差是否超限。
（5）计算。
① 同一方向两倍视准轴误差 $2C$ = 盘左读数 −（盘右读数±180°）。
② 各方向的平均读数 = $\frac{1}{2}$ [盘左读数 +（盘右读数±180°）]。
③ 将各方向的平均读数减去起始方向的平均读数，即得各方向的归零方向值。
（6）观测第二测回时，起始方向的度盘读数设置为90°附近。各测回同一方向归零方向值互差不超过±24″，取其平均值作为第二测回的结果。

四、注意事项

（1）应选择远近适中、易于瞄准的清晰目标作为起始方向。
（2）方向数只有3个时，可以不归零。

实验报告（七）水平角观测手簿（全圆方向观测法）

测站	目标	水平度盘读数		2C	平均读数	一测回归零方向值	各测回平均方向值	角值
		盘左	盘右					
		/(° ′ ″)	/(° ′ ″)	/(″)	/(° ′ ″)	/(° ′ ″)	/(° ′ ″)	/(° ′ ″)
1	2	3	4	5	6	7	8	9
O	第1测回							
	A							
	B							
	C							
	D							
	A							
	Δ							
O	第2测回							
	A							
	B							
	C							
	D							
	A							
	Δ							

第八节　竖直角测量与竖盘指标差的检验

一、目的与要求

（1）练习竖直角观测的操作、记录及计算方法。
（2）了解竖盘指标差的计算方法。
（3）同一组所测得的竖盘指标差值互差不得超过±10″。

二、仪器和工具

全站仪 1 台、记录本 1 本、伞 1 把。

三、方法和步骤

（1）在测站点 O 上安置仪器，对中、整平后，选定 A、B 两个目标。
（2）先观察一下竖盘注记形式，并写出竖直角的计算公式。在盘左位置时，将望远镜大致放平，观察竖盘读数，然后将望远镜慢慢上仰，观察读数变化情况，若读数减小，则竖直角等于视线水平时的读数减去瞄准目标时的读数；反之，则竖直角等于瞄准目标时的读数减去视线水平时的读数。
（3）在盘左位置时，用十字丝中丝切于目标 A 顶端，读取竖盘读数 L，记录并算出竖直角 α_L。
（4）在盘右位置时，同法观测目标 A，读取盘右读数 R，记录并算出竖直角 α_R。
（5）计算竖盘指标差。

$$x = \frac{1}{2}(\alpha_R - \alpha_L)$$

或

$$x = \frac{1}{2}(L + R - 360°)$$

（6）计算竖直角平均值。

$$\alpha = \frac{1}{2}(\alpha_L + \alpha_R)$$

或 $$\alpha = \frac{1}{2}(R-L-180°)$$

（7）同法测定目标 B 的竖直角，计算出竖盘指标差，并检查指标差值互差是否超限。

四、注意事项

（1）在观测过程中，对同一目标应使十字丝中丝切准目标顶端（或同一部位）。
（2）计算竖直角和指标差时，应注意正负号。

实验报告（八）竖直角观测及竖盘指标差的检验

1. 写出竖直角计算公式

（1）在盘左位置视线水平时，竖盘读数是_____，上仰望远镜读数是_____（增加或减少），所以 $\alpha=$_____。

（2）在盘右位置视线水平时，竖盘读数是_____，上仰望远镜读数是_____（增加或减少），所以 $\alpha=$_____。

2. 将竖直角观测成果记入手簿

测站	目标	竖盘位置	竖盘读数 /（°，′，″）	竖直角 /（°，′，″）	平均竖直角 /（°，′，″）	备注
O	A	左				
		右				
	B	左				
		右				
		左				
		右				
		左				
		右				
		左				
		右				
		左				
		右				
		左				
		右				
		左				
		右				

3. 根据竖直角观测记录回答下列问题（填入括号中）

（1）所用仪器有无指标差？（　　）；是多少？（　　）；在盘左测得的竖直角中加（　　）就能得到正确的竖直角。

（2）在盘右位置时，十字丝照准被观测过的目标，竖盘的读数应是多少？（　　）

第九节　全站仪的检验与校正

一、目的与要求

（1）了解全站仪各主要轴线之间应满足的几何条件及检校原理。
（2）掌握全站仪检验与校正的操作方法。

二、仪器和工具

全站仪 1 台、校正针（拨针）1 枚、螺钉旋具 1 把、记录本 1 本、伞 1 把。

三、方法和步骤

1. 一般性检验

安置仪器后，检验三脚架是否牢固，架腿伸缩是否灵活，各种制动螺旋、微动螺旋、调焦螺旋及脚螺旋是否有效，望远镜成像是否清晰。

2. 照准部水准管轴垂直于竖轴的检验与校正

1）检验

（1）先将仪器粗平，转动照准部，使水准管平行于任一对脚螺旋，调节该两脚螺旋，使水准管气泡居中。

（2）将照准部旋转 90°，再旋转第三个脚螺旋，使气泡再次居中。

（3）再次将仪器旋转 90°，重复步骤（1）、（2），直到四个位置上的气泡均居中。此时，若气泡在任意位置均居中，则说明满足条件。若气泡偏离量超过两格，则应进行校正。

2）校正

（1）在检验时，若水准管气泡偏离了中心，则应先用与水准管平行的脚螺旋进行调整，使气泡向中心移近一半的偏离量，剩余的一半用校正针转动水准器校正螺钉（在水准管右边）进行调整，直至气泡居中。

（2）将仪器旋转 180°，检查气泡是否居中。如果气泡仍不居中，重复步骤（1），直至气泡居中。

（3）将仪器旋转 90°，再旋转第三个脚螺旋，使气泡居中。

重复检验与校正步骤，直至照准部转至任何方向气泡均居中。

3．圆水准器轴平行于竖轴的检验与校正

1）检验

将仪器精平，水准管检校准确后，若圆水准器气泡也居中，则表明仪器满足条件，不必校正；否则需校正。

2）校正

用校正针或内六角扳手调整气泡下方的校正螺钉使气泡居中。校正时，应先松开气泡偏移方向对面的校正螺钉（1个或2个），然后拧紧偏移方向的其余校正螺钉使气泡居中。气泡居中时，3个校正螺钉的紧固力均应一致。需要反复检验直到满足要求。

4．十字丝竖丝垂直于横轴的检验与校正

1）检验

（1）整平仪器后，用十字丝中点精确瞄准一个清晰目标点 P，然后锁紧望远镜水平和垂直制动螺旋。

（2）慢慢转动望远镜竖直微动螺旋，使望远镜上下移动，使 P 点移动至视场的边沿。

（3）如 P 点始终沿竖丝移动，说明十字丝不倾斜，则不必校正；否则，需对分划板进行校正。

2）校正

（1）取下位于望远镜目镜与调焦手轮之间的分划板座护盖，可看见 4 个分划板座固定螺钉。

（2）用螺丝刀均匀地旋松该4个固定螺钉，绕视准轴旋转分划板座，使 P 点落在竖丝的位置上。

（3）均匀地旋紧固定螺钉，再用上述方法检验校正结果，直到照准部水平微动时 P 点始终在横丝上移动。

（4）将护盖安装回原位。

5．横轴误差的检验与校正

1）检验

（1）精平好仪器，盘左精确照准距仪器约 50cm 处的一个目标 A。

（2）垂直转动望远镜角度 i（10°＜i＜45°），精确照准另一个目标 B。

（3）转动仪器，盘右精确照准同一目标 A，同样垂直转动望远镜角度 i，检查十字丝与目标 B 的角度距离 D，要求 $D \leqslant 15''$。如 $D > 15''$，则需要进行校正。

2）校正

（1）用螺丝刀调整望远镜下方的4个校正螺钉。

（2）重复检验步骤，检查并调整校正螺钉，至 $D \leqslant 15''$。

6．视准轴垂直于横轴的检验与校正（2C）

1）检验

（1）距离仪器同高的远处设置目标 A，精平仪器并打开电源。

（2）在盘左位置将望远镜照准目标 A，读取水平角 L。

（3）松开垂直及水平制动手轮纵转望远镜，旋转照准部成盘右位置照准同一目标 A（照准前应旋紧水平及垂直制动手轮）读取水平角 R。

（4）当 $2C=L-(R±180°)⩾±20″$ 时，需校正。

2）校正

（1）用水平微动手轮将水平角读数调整到消除 C 后的正确读数 R+C。

（2）取下位于望远镜目镜与调焦手轮之间的分划板座护盖，调整分划板上水平左右两个十字丝校正螺钉，先松开一侧螺钉，再拧紧另一侧螺钉，最后通过移动分划板使十字丝中心照准目标 A。

（3）重复检验步骤，校正至 |2C|<20″ 符合要求为止。

（4）将护盖安装回原位。

7. 竖盘指标零点自动补偿的检验与校正

1）检验

（1）安置和整平仪器后，使望远镜的指向和仪器中心与任一脚螺旋 X 的连线相一致，旋紧水平制动手轮。

（2）开机后指示竖盘指标归零，旋紧垂直制动手轮，仪器显示当前望远镜指向的竖直角值。

（3）朝一个方向慢慢转动脚螺旋 X 至 10mm 圆周距左右时，仪器显示的竖直角由正常显示到出现"补偿超出"信息，即表示仪器竖轴倾斜已大于 3′，超出竖盘补偿器的设计范围。当反向旋转脚螺旋复原时，仪器又复现竖直角，并且在临界位置可反复实验观察其变化，表示竖盘补偿器工作正常。

2）校正

当发现仪器补偿失灵或异常时，应送厂检修。

8. 竖盘指标差（i 角）和竖盘指标零点设置的检验与校正

1）检验

（1）安置整平好仪器后开机，盘左照准任一清晰目标 A，得竖直角盘左读数 L。

（2）转动望远镜成盘右，再照准 A，得竖直角盘右读数 R。

（3）若竖直角天顶为 0°，则 $i=(L+R-360°)/2$；若竖直角水平为 0°，则 $i=(L+R-180°)/2$。

（4）若 |i|⩾10″，则需对竖盘指标零点重新设置。

2）校正

（1）整平仪器后进入仪器校准功能菜单，选择垂直角零基准设置（或指标差设置）。

（2）转动仪器成盘左位置，精确照准与仪器同高的远处任一清晰稳定目标 A，并按"是"键。

（3）再旋转望远镜成盘右位置，精确照准同一目标 A，并按"是"键，设置完成，仪器自动返回测角模式。

（4）重复检验步骤，重新测定指标差（i 角）。若指标差仍不符合要求，则应检查校正（指标零点设置）的前 3 个步骤的操作是否有误，目标照准是否准确等，并按要求再重新进行设置。

（5）经反复操作仍不符合要求时，应检查补偿器补偿是否超限或补偿失灵或异常等。

9. 光学对中器的视准轴与竖轴重合的检验与校正

1）检验

目的是使光学对中器的视准轴与仪器竖轴重合。先架好仪器，整平后在仪器正下方地面上安置一块白色纸板。将光学对中器分划板中心（或十字丝中心）投影到纸板上，如图 2.8（a）所示，并绘制标志点 P。然后将照准部旋转 180°，如果 P 点仍在分划板内，表示条件满足，否则应校正。

2）校正

在纸板上画出分划板中心与 P 点之间连线中点 P' 点，如图 2.8（b）所示。松开两支架之间圆形护盖上的两个螺钉，取下护盖，可看到转向棱镜座。调节调整螺钉，使分划板中心前后左右移动，直至分划板中心与 P' 点重合。

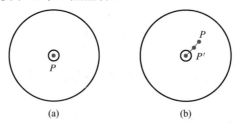

图 2.8　光学对中器检验与校正

四、注意事项

必须按实验步骤进行检验、校正，顺序不能颠倒。

实验报告(九) 全站仪的检验与校正

1. 一般检查

三脚架是否牢固		螺旋洞等处是否清洁	
仪器转动是否灵活		望远镜成像是否清晰	
制动及微动螺旋是否有效		其他	

2. 水准管轴垂直于竖轴

检验(照准部转90°)次数	1	2	3	4	校正后
气泡偏离格数					

3. 十字丝竖丝垂直于横轴

检验次数	误差情况	校正后情况
1		
2		

4. 视准轴垂直于横轴(2C差)

目标	竖盘位置	水平度盘读数	2C	校正后情况数
	左			
	右			

5. 竖盘指标差

目标	竖盘位置	竖盘读数	竖盘指标差	竖盘水平始读数
	左			$L_0=$
	右			$R_0=$

第十节 钢尺量距

一、目的与要求

（1）掌握钢尺量距的一般方法。
（2）要求往返丈量距离，相对误差不大于 1/3000。

二、仪器和工具

钢尺 1 把、标杆 3 个、测钎 6 根、木桩 2 个、斧 1 把、记录本 1 本。

三、方法和步骤

（1）在地面选择相距约 100m 的 A、B 两点，打下木桩，桩顶钉一小钉或画十字作为点位，在 A、B 两点的外侧竖立标杆。

（2）后尺手执尺零端，插一根测钎于起点 A，前尺手持尺盒（或尺把）并携带其余测钎沿 AB 方向前进，行至一尺段处停下。

（3）一人立于 B 点后 1~2m 处定线，指挥持标杆者将标杆左右移动，使其插在 AB 方向处的直线上。

（4）后尺手将尺零端对准 A 点，前尺手沿直线拉紧钢尺，在尺末端刻线处的地面上竖直插下测钎，这样便量完了一个尺段。后尺手拔起 A 点的测钎与前尺手共同举尺前进。同法继续丈量其余各尺段，每量完一个尺段，后尺手都要拔起测钎。

（5）最后，不足一整尺段时，前尺手将某一整数分划对准 B 点，后尺手在尺的零端读出厘米及毫米数，两数相减求得余长。往测全长 $D_{往}=nl+q$（其中，n 为整尺段数，l 为钢尺长度，q 为余长）。

（6）同法由 B 点向 A 点进行返测，但必须重新进行直线定线，计算往返丈量结果的平均值及相对误差，检查是否超限。

四、注意事项

（1）钢尺拉出或卷入时不应过快，不得握住尺盒来拉紧钢尺。
（2）钢尺必须经过检定才能使用。

实验报告（十）钢尺量距

1. 测量过程描述

2. 钢尺一般量距手簿

线段名称	观测次数	整尺段数 n	零尺段长度 l'/m	线段长度 D' $(D'=ne+l')$/m	平均长度 D/m	精度 k
	往					
	返					
	往					
	返					
	往					
	返					
	往					
	返					
	往					
	返					

注：钢尺长度 $l=$_____（单位为m）。

3. 疑难问题备注

第十一节 全站仪测距

一、目的与要求

（1）掌握全站仪测距的一般方法。
（2）要求单程测距互差不超过 5mm，往返测量距离较差不超过 1cm。

二、仪器和工具

全站仪 1 台、三脚架 2 个、单棱镜组 1 套、铁钉 2 个、锤子 1 把、记录本 1 本。

三、方法和步骤

（1）在地面选择相距约 100m 的 A、B 两点，用锤子钉一小钉作为点位标志。
（2）在 A 点安置全站仪，对中整平。
（3）在 B 点安置棱镜组，对中整平。
（4）全站仪调整至测距界面，瞄准 B 点棱镜中心，按下测距键，将平距记录于手簿上。
（5）再次瞄准 B 点，用同样的方法再次测量平距，记录，总共 3 次，取其平距平均值作为 AB 段的最终距离。
（6）将全站仪和棱镜组互换位置，用同样的方法对 BA 的距离进行返测并记录。

四、注意事项

（1）全站仪和棱镜组对中误差不得超过 2mm。
（2）全站仪和棱镜组使用前应经过鉴定，注意提前设置好各类常数。
（3）测量时注意限差，单程测距互差不超过 5mm，往返测量距离较差不超过 1cm。

实验报告（十一）全站仪测距

1. 测量过程描述

2. 全站仪光电测距手簿

边名	往测	读数	备注	边名	返测	读数	备注
	1				1		
	2				2		
	3				3		
	平均				平均		
往返测平均							

边名	往测	读数	备注	边名	返测	读数	备注
	1				1		
	2				2		
	3				3		
	平均				平均		
往返测平均							

3. 疑难问题备注

第十二节　导线测量

一、目的和要求

通过全站仪导线测量实训掌握全站仪的实际操作技能，进一步掌握控制点的选点、外业观测、内业计算等全站仪导线测量的工作方法，明确平面控制测量的目的和意义，为今后从事工程测量打下良好的技术基础。

二、仪器和工具

全站仪 1 套（仪器、三脚架、棱镜等）、计算器 1 个、记录本 1 本、木桩若干。

三、方法和步骤

1. 导线布设

对实习场地详细踏勘，对所测范围内地形有一个全面的了解，草拟导线布设位置，选定导线点位置，导线总长度约为 2km。

2. 选点要求

（1）导线宜采用闭合导线或附合导线形式，导线各边长度大致相等。
（2）导线点位要选在土质坚实、稳定处，也可选在巨大岩石上，以便于标志保存和安置仪器。
（3）导线点应选在地势较高、视野开阔的地方。
（4）所选的导线点必须满足观测视线超越（或旁离）障碍物 1.3m 以上的要求。

3. 打木桩并做点之记

点位选定后，应在每个点位上打木桩，在桩顶钉上铁钉，对于易丢失区域还应设指示桩，并做点之记。

4. 导线边长测量

边长测量要求对向观测 4 个测回，把全站仪设置为均值精测 4 次即可，单位取至 0.001m。将对中杆整平、对中于导线点上，全站仪瞄准棱镜即可观测，将所测边长记入对应表格内。

5. 角度测量

外业测量包括连接角和转折角，每个角度观测 4 个测回，要求配置度盘，限差内取平均值，单位取至 0.1″。观测时可以将垂球吊在斜放的对中杆上，尽量瞄准垂球线底端，减少对中误差对所测角度的影响。

6. 内业计算

（1）内业计算要求严肃认真，首先应仔细检查所有外业记录和计算是否正确，各项误差是否超限，保证原始数据的正确性。

（2）计算步骤（以闭合导线为例）。

① 整理外业数据，绘制导线草图。

② 利用已知点坐标反算出已知边的坐标方位角。

③ 角度闭合差的计算。

$$f_\beta = \sum \beta_{测} = \sum \beta_{理}$$

④ 角度闭合差的调整。

角度闭合差以相反符号平均分配给每个内角，如果不能均分，则将闭合差的余数分配给短边的夹角。

$$v_\beta = -\frac{f_\beta}{n}$$

⑤ 计算改正后的角值。

$$\beta_{改} = \beta_{测} + v_\beta$$

⑥ 按下式推算各边的方位角。

$$\alpha_{前} = \alpha_{后} + 180° \pm \beta$$

⑦ 坐标增量闭合差的计算。

$$\Delta x_{测} = D\cos\alpha$$

$$\Delta y_{测} = D\sin\alpha$$

$$f_x = \sum \Delta x_{测}$$

$$f_y = \sum \Delta y_{测}$$

$$f = \sqrt{f_x^2 + f_y^2}$$

$$K = \frac{f}{\sum D} = \frac{1}{\frac{\sum D}{f}}$$

⑧ 坐标增量闭合差的分配。

分配原则：以相反符号，将坐标增量闭合差按边长成正比例分配到各坐标增量中。对于因计算凑整而产生的残余不符值，应分配到较长边的坐标增量上，以确保调整后的坐标增量代数和等于零。

$$v_{xi} = -\frac{f_x}{\sum D} \times D_i$$

$$v_{yi} = -\frac{f_y}{\sum D} \times D_i$$

⑨ 计算改正后的坐标增量。

$$\Delta x_{改} = \Delta x_{测} + v_{xi}$$
$$\Delta y_{改} = \Delta y_{测} + v_{yi}$$

⑩ 导线点坐标的计算。

$$x_{后} = x_{前} + \Delta x_{改}$$
$$y_{后} = y_{前} + \Delta y_{改}$$

实验报告（十二） 导线坐标计算成果表

点号	观测角 /(° ′ ″)	角度改正数/(″)	改正后的角度值/(° ′ ″)	坐标方位角/(° ′ ″)	距离/m	坐标增量 Δx			坐标增量 Δy			纵坐标 x/m	横坐标 y/m
						计算值/m	改正值/mm	改正后的值/m	计算值/m	改正值/mm	改正后的值/m		
Σ													
辅助计算													

第十三节　四等水准测量

一、目的和要求

通过技能训练使学生熟练掌握四等水准测量观测方法，提升四等水准测量内业计算能力。进一步了解高程控制测量的记录、计算等内容，明确观测的目的和意义，锻炼动手能力，提高实践能力。

二、仪器和工具

水准仪 1 套（仪器、三脚架、水准尺、尺垫等）、计算器 1 个、记录本 1 本。

三、方法和步骤

（1）四等水准测量每站的观测顺序如下（"后—后—前—前"）。
① 照准后视水准尺黑面，读取下、上、中三丝读数。
② 将水准尺翻转为红面，后视水准尺红面，读取中丝读数。
③ 前视水准尺的黑面，读取下、上、中三丝读数。
④ 将水准尺翻转为红面，前视水准尺红面，读取中丝读数。
（2）四等水准测量每站的计算如下。
后视距离(9)=(1)-(2)
前视距离(10)=(5)-(6)
前后视距差(11)=(9)-(10)（注：前后视距差不超过 5m）
前后视距累计差(12)=上一个测站(12)+本测站(11)（注：前后视距累计差不超过 10m）
(13)=(3)+K-(4)
(14)=(7)+K-(8)
黑面尺读数之高差(15)=(3)-(7)
红面尺读数之高差(16)=(4)-(8)
(17)=(15)-(16)±0.100=(13)-(14)
$(18) = \frac{1}{2}[(15) + (16) \pm 0.100]$

实验报告（十三）四等水准测量观测手簿

测段：_____~_____　　日期：___年___月___日　　仪器型号：_____
开始：____时____分　　天气：_____　　观测者：_____
结束：____时____分　　成像：_____　　记录者：_____

测站编号	点号	后尺 上丝 下丝 后视距离 视距差	前尺 上丝 下丝 前视距离 累计差	方向及尺号	水准尺中丝读数 黑面	水准尺中丝读数 红面	K+黑-红 /mm	平均高差 /m	备注
		（1）	（4）	后	（3）	（8）	（14）		
		（2）	（5）	前	（6）	（7）	（13）		$K_1=$
		（9）	（10）	后-前	（15）	（16）	（17）	（18）	$K_2=$
		（11）	（12）						
				后					
				前					
				后-前					
				后					
				前					
				后-前					
				后					
				前					
				后-前					
				后					
				前					
				后-前					

四等水准测量观测手簿（续）

测段：_____～_____   日期：____年__月__日   仪器型号：_____
开始：____时____分   天气：_____   观 测 者：_____
结束：____时____分   成像：_____   记 录 者：_____

测站编号	点号	后尺 上丝 下丝 后视距离 视距差	前尺 上丝 下丝 前视距离 累计差	方向及尺号	水准尺中丝读数 黑面	水准尺中丝读数 红面	K+黑−红 /mm	平均高差 /m	备注
		（1）	（4）	后	（3）	（8）	（14）		
		（2）	（5）	前	（6）	（7）	（13）		$K_1=$
		（9）	（10）	后−前	（15）	（16）	（17）	（18）	$K_2=$
		（11）	（12）						
				后					
				前					
				后−前					
				后					
				前					
				后−前					
				后					
				前					
				后−前					
				后					
				前					
				后−前					

第十四节　全站仪数字测图

一、目的与要求

（1）掌握使用全站仪进行数字测图的方法。
（2）掌握使用 CASS 软件进行地形图绘制的方法。

二、仪器和工具

全站仪 1 台、棱镜附对中杆 1 个、3m 小钢尺 1 把、皮尺 1 把、装有 CASS 软件的计算机 1 台。

三、数据采集方法和步骤

数据采集功能演示

数据采集前，地面上先有不少于 3 个的图根控制点，点位保存完好，坐标数据核对无误。
（1）对中、整平，安置仪器于测站点上。
（2）开机，按 MENU 进入主菜单，再进入数据采集程序。
（3）输入测站点坐标，量取仪器高并输入，按"记录"键保存。
（4）输入后视点坐标或者后视方位角，输入棱镜高，瞄准后视点并进行测量，按"设置"键保存。
（5）采集碎部点前先采集第三个控制点进行坐标检核，确认无误后开始碎部点的采集。
（6）数据采集时应注意绘制草图，定期核对点号。

全站仪数据采集

四、数据传输

数据管理与数据传输功能演示

在进行数据传输之前，首先要检查通信线缆连接是否正确，接着打开 CASS 软件，进入读取全站仪数据子菜单。在选择测量仪器型号后，需确保各项通信参数与全站仪中的设置一致，随后即可进行数据传输。

五、利用 CASS 软件绘制地形图

（1）展示野外测量点点号。
（2）结合绘制的草图，利用屏幕菜单中提供的图式绘制各种地物。

(3)展示高程点。

(4)建立三角网,生成等高线并进行修剪。

(5)对测得的地形图进行检查、整饰。

(6)加图框并打印出图。

六、实习任务

每组根据提供的控制点成果提交一幅 1∶500 地形图(每组测区的边界范围在课堂上临时指定)。

CASS怎么加图框

CASS之地形图的绘制

SouthMap软件使用培训

实验报告（十四）全站仪数字测图

测站设置	测站点	X=	Y=	H=
	定向点	X=	Y=	H=
	定向瞄准	方位角：		
检核点坐标	已知坐标	X=	Y=	H=
	实测坐标	X=	Y=	H=
	差值	$\Delta X=$	$\Delta Y=$	$\Delta H=$

草图：

第十五节 水平角与水平距离放样

一、目的与要求

（1）练习用精确法放样已知水平角，要求角度误差不超过±40″。
（2）练习放样已知水平距离，精度要求相对误差不应低于1/5000。

二、仪器和工具

经纬仪1台、水准仪1台、钢尺1把、测钎6根、斧1把、伞1把、记录本1本、温度计1个、弹簧秤1个。

三、方法和步骤

（1）放样角值为β的水平角。

① 在地面上选A、B两点打桩，作为已知方向，安置经纬仪于点B，瞄准点A并使水平度盘读数为0°00′00″（或略大于0°）。

② 顺时针方向转动照准部，使度盘读数为β（或A方向读数为+β），在此方向打桩为点C，在桩顶标出视线方向和点C的点位，并量出BC的距离。用测回法观测$\angle ABC$两个测回，取其平均值为β_1；计算改正数$\overline{CC_1}=D_{BC}\dfrac{\beta-\beta_1}{\rho}=D_{BC}\dfrac{\Delta\beta}{\rho}$，过点$C$作$BC$的垂线，沿垂线向外（$\beta>\beta_1$）或向内（$\beta<\beta_1$）量取$CC_1$定出$C_1$点，则$\angle ABC_1$即为要放样的$\beta$角。再次检测改正，直到满足精度要求。

（2）放样长度为D的水平距离。

利用放样水平角的桩点，沿BC_1方向放样水平距离为D的线段BE。

① 安置经纬仪于点B，用钢尺沿BC_1方向进行概略测量，测得长度D，并钉出各尺段桩。随后，用检定过的钢尺按精密量距的方法往返测定距离，并记下测量时的温度（估读至0.5℃）。

② 用水准仪往返测量各桩顶间的高差，当两次测得的高差之差不超过10mm时，取其平均值作为结果。

③ 将往返测量的距离分别加尺长、温度和倾斜改正后，取其平均值为D'与要放样的长度D相比较，求出改正数$\Delta D=D-D'$。

④ 若ΔD为负，则应由点E向点B方向进行改正；若ΔD为正，则应以相反的方向进行改正。最后，再检测BE的距离，它与设计的距离之差的相对误差不得低于1/5000。

实验报告（十五）水平角与水平距离放样

1. 水平角放样

（1）放样过程描述。

（2）水平角放样手簿。

测站	设计角值 /（° ′ ″）	竖盘位置	目标	水平度盘置数 /（° ′ ″）	放样略图	备注
		左				
		右				
		左				
		右				

（3）水平角检测手簿。

测站	竖盘	目标	水平度盘置数 /（° ′ ″）	角值 /（° ′ ″）	平均角值 /（° ′ ″）	备注

（4）疑难问题备注。

2. 水平距离放样

（1）放样过程描述。

（2）距离放样手簿。

线名	设计距离 D/m	放样钢尺读数/m		精密检测距离 D'/m	距离改正数 $\Delta D = D' - D$/mm	备注
		后端	前端			

（3）距离检测手簿。

钢尺号码：　　　　　　　钢尺膨胀系数：　　　　　　　钢尺检定温度：

钢尺名义长度：　　　　　钢尺检定长度：　　　　　　　钢尺检定拉力：

尺段	次数	前尺读数/m	后尺读数/m	尺段长度/m	温度改正数/mm	高差改正数/mm	尺长改正数/mm	改正后尺段长度/m	备注

（4）疑难问题备注。

第十六节　极坐标法放样

一、目的和要求

（1）了解极坐标法放样的工作流程。
（2）掌握放样元素的计算方法。
（3）能够熟练运用仪器进行放样。

二、仪器和工具

全站仪 1 台、钢尺 1 把、测钎 6 根、大锤 1 把、计算器 1 个、伞 1 把、记录本 1 本。

三、方法和步骤

如图 2.9 所示，A、B 为已知控制点，其坐标为 $A(X_A, Y_A)$，$B(X_B, Y_B)$，$CDEF$ 为新建建筑物的 4 个主轴线的交点，距离控制点的距离适中，坐标由指导老师给定。

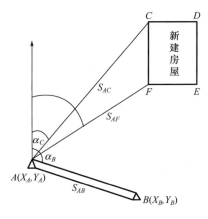

图 2.9　极坐标法放样

具体放样步骤如下。
（1）根据坐标反算公式计算放样数据：α 为坐标方位角，β 为已知方向与未知方向的夹角，S 为两点之间的距离。以 C 点为例，计算公式如下。

$$\alpha_{AB} = \tan^{-1} \frac{Y_B - Y_A}{X_B - X_A}$$

$$\alpha_{AC} = \tan^{-1}\frac{Y_C - Y_A}{X_C - X_A}$$

$$\beta = \alpha_{AB} - \alpha_{AC}$$

$$S_{AC} = \sqrt{(X_C - X_A)^2 + (Y_C - Y_A)^2}$$

（2）在 A 点安置全站仪，对中整平后瞄准 B 点定向，度盘读数置成零，采用盘左盘右取中法放样，转动角 β 为 AC 方向。

（3）在 AC 方向上用大钢尺放样距离 S_{AC}，即得未知点 C 点，并用测钎在地面做出标记。

（4）同法放样出 D、E、F 点。

（5）检核，通过量取四边形的角度和距离来检查点位放样的准确性，计算放样精度是否满足设计要求。

实验报告（十六）极坐标法放样

1. 极坐标法放样过程描述

2. 放样元素计算手簿

控制点	待放样点	放样元素计算	
		角度 β	距离 S
测站点：_A_	C		
	D		
定向点：_B_	E		
	F		

3. 放样点位检测手簿

测站	盘位	目标	读数 /(° ′ ″)	半测回角值 /(° ′ ″)	一测回角值 /(° ′ ″)	边长观测值	边长平均值	备注
								CD=
								DE=
								EF=
								FC=

4. 疑难问题备注

第十七节　全站仪坐标放样

一、目的与要求

练习用全站仪放样点位，要求点位误差不超过 1cm，角度误差不超过 40″，距离误差不超过 1/5000。

全站仪坐标放样

二、仪器和工具

全站仪 1 台、棱镜 1 个、对中杆 1 根、测钎 3 根、锤子 1 把、伞 1 把、记录本 1 本。

三、方法和步骤

1. 全站仪坐标放样过程

（1）安置好全站仪后，开机并选择坐标放样菜单，输入测站点坐标并记录。

（2）输入定向点坐标或者方位角，并瞄准该点进行定向测量。

（3）输入待放样点坐标后，仪器上即会显示当前测站点到待放样点的距离和定向后应偏转的角度。

（4）先转动全站仪照准部，使方向角度差显示为 0，然后持棱镜杆到这一方向上进行量距。测量后，仪器上即会显示还需前进或者后退的距离差。调整棱镜杆的位置，直至距离差为 0。

2. 全站仪操作流程

（1）"MENU"→"放样"→输入文件名→"回车"（当全站仪内有此坐标文件时，可使用"调用"）。

（2）"输入测站点"→"坐标"→输入 NEZ 坐标→"回车"（当全站仪内有此坐标时，可使用"调用"）。

（3）"输入后视点"→"NE/AZ"→输入 NE 坐标→"回车"→提示"照准？"→对准后视点→"是"（当全站仪内有此坐标时，可使用"调用"）。

（4）"输入放样点"→"坐标"→输入 NEZ 坐标→"回车"→输入棱镜高→"回车"→"角度"→让"dHR=0"→"距离"→让"dHD=0"→"模式"（当放样新的点时，点击"继续"）。

四、实训任务

每组在指定区域内根据放样案例任务进行点位放样练习，控制点坐标已提供，待放样点坐标在课堂上临时提供。

五、注意事项

（1）安置全站仪时，与地面点的对中误差应小于 2mm。
（2）瞄准后视点时，为减小误差，可以不用棱镜，瞄准细长铁钉的底部即可。
（3）放样完毕后，注意对结果进行检核。

六、全站仪坐标放样案例

每个实训小组在规定的时间内，根据假定的已知测站点坐标 M 和已知定向点坐标 N，使用全站仪"放样"程序，放样 3 个坐标点 A、B、C 组成三角形，并在地面上用笔做好标记；在三角形的顶点上分别设站，用测回法一测回观测水平角并计算角度平均值，其中在该三角形指定的一个顶点上，用测回法一测回加测三角形另一点、该点和已知定向点之间的水平角，并计算角度平均值；在不同测站上，测量每一条边长并计算边长平均值；计算图形角度闭合差，在满足限差要求的情况下，平差计算角度值。要求每人至少完成三角形顶点一测站的边角观测记录工作。

全站仪坐标放样精度要求：水平角上下半测回较差≤40″；几何图形角度闭合差≤36″；平差后的角度值与理论值限差均为 40″；边长平均值与理论值误差＜1/6000。

实验报告（十七）全站仪坐标放样

测站设置	测站点 M	X=		Y=				
	定向点 N	X=		Y=				
	定向瞄准	方位角：						
待放样点坐标	A	X=		Y=				
	B	X=		Y=				
	C	X=		Y=				
坐标检核	测站	盘位	目标	读数 /(° ′ ″)	半测回角值 /(° ′ ″)	一测回角值 /(° ′ ″)	平差后角值 /(° ′ ″)	边长观测值	边长平均值
									AB=
									BC=
									CA=
	三角形闭合差 ω=								
	改正数 −ω/3=								

第十八节 GNSS 坐标放样

一、目的与要求

（1）掌握用 GNSS 进行点位放样的方法。
（2）要求各小组独立放样一幢矩形建筑物的 4 个角点，要求点位误差不超过 1cm。

二、仪器和工具

GNSS 接收机 2 台、手簿 1 台、对中杆 1 根、测钎 5 根、锤子 1 把、记录本 1 本。
备注：GNSS 接收机一台为基准站，一台为移动站，有条件的院校也可根据连续运行参考站 CORS 提供的账号以网络 RTK 的模式进行练习。

三、方法与步骤

已知点 L、M、N 为控制点，A、B、C、D 为待定位建筑物的 4 个角点。下面以基准站+移动站的模式为例说明作业步骤。

（1）在施工现场一合适地点安置 GNSS 接收机 1，精平仪器。
（2）打开 GNSS 接收机 1 的主机，进入基准站模式，进行相关设置后启动。
（3）将 GNSS 接收机 2 接在对中杆上，并将接收天线接在主机顶部，同时将手簿使用托架夹在对中杆的适合位置。
（4）打开 GNSS 接收机 2 主机，进入移动站模式，和基准站设置对应后启动，主机开始自动初始化和搜索卫星，当达到一定条件后，主机上的相关指示灯开始闪烁，表明已经收到基准站差分信号。
（5）启动手簿上的工程之星，启动蓝牙，进行电台设置。
（6）进入新建工程向导，输入工程名称、坐标系、中央子午线、各类参数等。
（7）求解转换参数。
① 添加已知点 L 的平面坐标，然后持 GNSS 接收机 2 到 L 点，当对中杆的水准气泡居中，精度提示为"固定解"时，采集 L 点的大地坐标，完成第一个点的输入。
② 添加已知点 M 的平面坐标，然后持 GNSS 接收机 2 到 M 点，当对中杆的水准气泡居中，精度提示为"固定解"时，采集 M 点的大地坐标，完成第二个点的输入。
③ 点击"计算"，即可计算出四参数，最后点击"应用"，即可将四参数应用到当前工程上。
④ 持 GNSS 接收机 2 到点 N，点击工程之星"测量"下拉菜单中的"点测量"，当对中

杆的水准气泡居中，精度提示为"固定解"时，采集 N 点的坐标，与 N 点已知坐标进行比对检查。如果坐标差值在允许范围内，则说明参数求解正确，否则应重新求解转换参数。

（8）点击工程之星"测量"下拉菜单中的"点放样"，输入待放样点 A 的坐标，放样界面会显示移动站当前点和 A 点之间的距离，并提示向各个方向需要移动的距离，根据提示进行移动放样，当提示各个方向移动距离为 0 时，移动站的位置即为 A 点的地面位置。

（9）按下"继续"键，依次输入 B、C、D 点的坐标并进行放样。

四、注意事项

（1）为了让主机能搜索到的卫星数量多、质量高，基准站一般应选在周围视野开阔的地方，避免在截止高度角 15° 以内有大型建筑物；避免附近有干扰源，如高压线、变压器和发射塔等；不要有大面积水域；为了让基准站差分信号能传播得更远，基准站一般应选在地势较高的位置。

（2）基准站和移动站的各项设置必须一致。

（3）求解参数时，对中杆的水准气泡必须居中，精度提示为"固定解"。参数求解完毕，必须到第三控制点进行检查。

（4）进行放样时，必须确保精度提示为"固定解"。

（5）放样完毕后，应对放样出的点位坐标进行测量以便检核。

（6）如果使用网络 RTK 模式，则不需要架设基准站，只需在移动站接收机的设置上略做调整，输入账号、密码等相关的参数即可。

实验报告(十八)GNSS 坐标放样

作业模式	□基准站+移动站　　□网络 RTK		
参数求解	控制点 1：_____	坐标：	
	控制点 2：_____	坐标：	
	检核点：_____	已知坐标：	
		测量坐标：	
		坐标差：$\Delta X=$　　$\Delta Y=$　　$\Delta H=$	
坐标放样	点名	已知坐标	放样后测量坐标

第十九节　放样已知高程和坡度线

一、目的与要求

（1）练习放样已知高程，要求误差不大于±8mm。
（2）练习放样坡度线。

二、仪器和工具

水准仪1台、水准尺1把、木桩6个、记录本1本、斧1把、伞1把、皮尺1把。

三、方法和步骤

（1）放样已知高程$H_设$。

① 在水准点A与待测高程点B（打一木桩）之间安置水准仪，读取点A的后视读数a，根据水准点高程H_A和待放样点B的高程$H_设$，计算出点B的前视读数$b=H_A+a-H_设$。

② 使水准尺紧贴点B的木桩侧面上下移动，当视线水平、中丝对准尺上读数为b时，沿尺底在木桩上画线，即为放样的高程位置。

③ 重新测定上述尺底线的高程，检查误差是否超限。

（2）放样坡度线。

欲从点A至点B放样距离为D，坡度为i的坡度线，规定每隔10m打一木桩。

① 从点A开始，沿AB方向量距、打桩并依次编号。

② 起点A位于坡度线上，其高程为H_A，根据设计坡度及A、B两点的距离，计算出点B的设计高程，并用放样已知高程点的方法将点B放样出来。

③ 安置水准仪于点A，使一个脚螺旋位于AB方向上，另两只脚螺旋连线与AB垂直，量取仪器高i。

④ 用望远镜瞄准点B上的水准尺，转动位于AB方向上的脚螺旋，使中丝对准尺上读数i处。

⑤ 不改变视线，依次立尺于各桩顶，轻轻打桩，待尺上读数为i时，桩顶即位于坡度线上。

当受地形所限，无法将桩顶打在坡度线上时，可读取水准尺上的读数，然后计算出各中间点桩顶距坡度线的填挖数值：填（挖）数$=i\mp$尺上读数（"－"为填，即坡度线在桩顶上面；"＋"为挖，即坡度线在桩顶下面）。

实验报告(十九)放样已知高程和坡度线

1. 高程放样

(1)放样过程描述。

(2)高程放样手簿。

测站	水准点号	水准点高程/m	后视/m	视线高/m	测点编号	设计高程/m	桩顶应读数/m	桩顶实读数/m	桩顶填挖数/m

(3)高程检测手簿。

测站	水准点号	水准点高程/m	后视/m	视线高/m	测点编号	设计高程/m	检测高程/m	放样误差/mm

(4)疑难问题备注。

2. 坡度线的放样

（1）放样过程描述。

（2）坡度线放样手簿。

线名：　　　　设计坡度：　　　　水准点高程：　　　$H_水=$

点号	后视 a/m	视线高 $H_视$/m	坡度线设计高程 $H_设$/m	坡度线读数 $b_坡$/m	桩顶读数 $b_桩$/m	填挖数 W/m	备注
1	2	3	4	5	6	7	8

（3）疑难问题备注。

第二十节　圆曲线主点测设

一、目的和要求

(1) 熟练计算圆曲线主点元素（图2.10）和里程桩号。

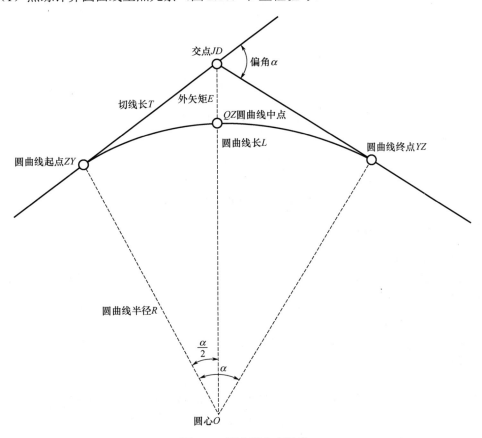

图2.10　圆曲线主点元素

(2) 掌握圆曲线主点测设的步骤。
(3) 每个人至少能独立完成一个主点的测设工作。

二、仪器和工具

全站仪1台、棱镜1个、铅笔1支。

三、方法和步骤

1．计算测设数据

1）主点测设元素的计算

$$T = R \tan \frac{\alpha}{2}$$

$$L = R\alpha \frac{\pi}{180}$$

$$E = R \left(\sec \frac{\alpha}{2} - 1 \right)$$

$$q = 2T - L$$

2）主点桩号的计算

$$ZY 桩号 = JD 桩号 - T$$

$$QZ 桩号 = ZY 桩号 + \frac{L}{2}$$

$$YZ 桩号 = QZ 桩号 + \frac{L}{2}$$

$$YZ 桩号 = JD 桩号 + T - q$$

2．圆曲线主点的测设

1）测设圆曲线起点（ZY）

在交点 JD 安置全站仪，后视相邻交点或转点方向，自交点 JD 沿视线方向量取切线长 T，打下圆曲线起点桩 ZY。

2）测设圆曲线终点（YZ）

全站仪照准前视相邻交点或转点方向，自交点 JD 沿视线方向量取切线长 T，打下圆曲线终点桩 YZ。

3）测设圆曲线中点（QZ）

全站仪照准前视（后视）相邻交点或转点方向，向测设圆曲线方向旋转角 β 的一半，沿着视线方向量取外矢距 E，打下圆曲线中点桩 QZ。

四、实训任务

每组在指定区域内根据放样任务进行圆曲线主点放样的练习，圆曲线半径 R、转角 α 以及交点里程由指导老师提供，主点测设元素和主点桩号需自己计算。

五、注意事项

（1）测设数据应在实训前事先计算好，并经检查无误后，方可放样。

（2）安置全站仪时，对中误差应小于 2mm。

（3）测设过程中，每一步均须检核。未经检核，不得进行下一步操作。测设完毕后，注意对结果进行检核。

六、圆曲线主点放样案例及记录表格

已知圆曲线的半径 $R=50$m、$\alpha=60°$，交点 JD 里程为 K10+110.88m（说明：考虑实习场地，所采用的是假设数据），则经计算得切线长 T、曲线长 L、外矢距 E、切曲差 q 及各主点里程。

要求每个实训小组在规定的时间内，根据假定的圆曲线半径 R、转角 α 及交点 JD 的位置，使用全站仪按圆曲线主点测设的步骤，放样出圆曲线的 3 个主点 ZY、QZ、YZ，并在地面上用笔做好标记；然后以 JD 为测站，检核 JD 到 ZY 和 JD 到 YZ 的距离是否为 T，JDQZ 与 JDZY 的夹角是否为 β（$180°-\alpha$）的一半及 JD 到 QZ 的距离是否为 E，距离相对误差是否不超过 1/3000，角度误差是否不超过 40″。要求每人至少完成一个主点的测设工作。

实验报告（二十）圆曲线主点测设

已知数据	圆曲线半径 R=＿＿＿、转角 α=＿＿＿、JD 里程=＿＿＿＿＿＿＿。	
放样数据计算	切线长 T	
	圆曲线长 L	
	外矢距 E	
	切曲差 q	
里程桩号计算	ZY	
	QZ	
	YZ	
	YZ（检核）	

第二十一节 道路纵断面测量

一、目的和要求

(1) 了解基平测量和中平测量。
(2) 掌握道路纵断面测量的步骤。
(3) 每个人至少能独立完成一个测段的纵断面测量工作。

二、仪器和工具

水准仪 1 台、水准尺 2 根、记录本 1 本、铅笔 1 支。

三、方法和步骤

(1) 基平测量。指导老师带领学生在校内道路两侧设置若干水准基点,并按四等水准测量的方法精确测定其高程。
(2) 中平测量。根据水准基点的高程,沿道路中线每隔 15m 设定中桩,按普通水准的要求测定其高程。
(3) 纵断面图的绘制。纵断面图是以中桩的里程为横坐标、中桩的地面高程为纵坐标绘制的,绘图时横坐标的比例尺,也就是里程比例尺按 1∶1000;纵坐标的比例尺(即高程比例尺)一般比里程比例尺大 10 倍,设置为 1∶100。

四、实训任务

每组在指定区域内根据任务要求进行道路纵断面测量的练习。

五、注意事项

(1) 实习前对实习的每个环节与要求做到心中有数,以便能积极主动作业。
(2) 在实习过程中,每位学生均应对所有的仪器、工具加倍爱护。
(3) 每测完一个测段均须进行检核。未经检核,不得进行下一步操作。

实验报告（二十一）道路纵断面测量

1. 道路纵断面测绘方法描述

2. 中平测量记录

中平测量记录表

测点	水准尺读数/m			视线高程/m	高程/m	备注
	后视	中视	前视			

3. 绘制断面图

第三章 测量实习（1周）指导

第一节　测量实习计划

一、测量实习目的

测量实习是教学的重要组成部分，是检验课堂理论、巩固和深化课堂知识的重要环节。测量实习的目的：贯彻理论联系实际的原则，使学生形成系统的测量理论知识和基本技能，在实际中培养学生的动手能力，训练学生严谨的科学态度和优良的工作作风，提高学生观测、计算和放样的能力，培养其独立工作能力和组织管理能力，促进学生由知识向能力的转化，使学生能独立从事抄平放线工作，为今后解决实际工程中有关抄平放线方面的问题打下良好的基础。

二、测量实习内容与任务要求

测量实习主要进行点位放样实习，先按照"先控制后碎部"的原则，在指定测区先进行小地区图根控制测量；然后在控制点成果的基础上，指导老师按照指定测区的边界范围，假定建筑物的4个角点坐标，应用全站仪进行坐标放样，并在指定的墙面上放样某固定高程点。测量实习的内容包括小地区图根控制测量和点位放样。

1．小地区图根控制测量

1）主要内容

导线测量、水准测量。

2）任务要求

以全站仪导线测量作为测区的平面控制，其精度应满足图根导线的要求；用图根水准测量的精度要求测定各控制点的高程，作为测区的高程控制。

2．点位放样

1）主要内容

点的平面位置测设和高程测设。

2）任务要求

根据实习场地的边界线，假定某建筑物的角点坐标，通过实习，要求学生能熟练掌握使用全站仪进行点的平面坐标放样和使用水准仪进行高程放样的基本方法。

三、设备与器材配制

测量实习分组进行，每组使用的设备、仪器及数量如下。

全站仪1台，水准仪1台，棱镜1个，棱镜杆1根，水准尺1对，钢尺1把，计算器1

个,各记录表 1 套,木桩若干根,测钎 2 个,钉、锤若干。

四、时间安排

测量实习时间共 1 周(5 天),具体时间安排见表 3-1。

表 3-1 测量实习时间安排表

序号	实习名称	内容	实习时数
1	实习任务安排	实习动员、分组领取仪器、选点等	0.5 天
2	控制测量外业测量	导线测量(一测回)	1.5 天
		水准测量(双仪高法)	1 天
3	控制测量内业计算	控制内业计算	1 天
4	点位放样	点的平面坐标放样和高程放样	0.5 天
5	整理实习报告	全站仪、水准仪考核	0.5 天
合 计			5 天

五、成绩考核

成绩考核标准见表 3-2。

表 3-2 成绩考核标准

项目	考评办法	考评标准	计分办法
实习期间平时考核	按实习期间的出勤情况、具体表现、掌握实习内容的情况给分	按时参加实习、听从安排、积极认真、勤学好问、态度端正计满分,否则酌情扣分	满分为 30 分,按实际情况计分 M_1
实际操作考试	仪器操作的规范化和熟练程度、仪器维护情况	水准仪和全站仪考核得分的平均值	满分为 30 分,按实际情况计分 M_2
提交的成果	结合本小组的具体实习过程及测量数据进行正确的叙述、格式规范、结尾有总结性分析	叙述全面,记录、计算符合规范要求,分析正确,字迹工整计满分,否则酌情扣分	满分为 40 分,按实际情况计分 M_3
总成绩评定	把各项目实际得分相加即为总成绩 $M=M_1+M_2+M_3$		

六、实习领导与组织

为加强实习期间各项管理工作有效地进行,将指导老师分成组织管理组和技术指导组。

组织管理组由教研室主任任组长,负责学生实习期间的政治思想、组织管理、作风、纪律、检查、监督,以及参观工地、实际项目的联系等工作。组织管理组分工由任课老师及其他实习指导老师具体安排。

技术指导组由任课老师及其他实习指导老师组成。技术指导组负责技术指导和仪器管理工作。技术指导采用"三点链接式"指导法,即在每阶段实习开始前进行"集中辅导",由任课老师介绍前段实习中存在问题的解决方法和后段实习的技术要点;实习开始后进行"巡回指导",由技术指导组指导老师巡回各组进行指导;然后在实习指导办公室进行"定点答疑",以解决各小组随机发生的技术问题。

学生实习以小组为单位进行,每班学员分为5~6个小组。每组5~6人,设组长1人,组长由小组成员民主选举。在实习期间,各组成员不准任意更换,抽调人员须经组织管理组组长批准。

在实习期间,各班班委应充分发挥作用,积极配合指导老师开展班组里的各项实习工作,即班组会议召集,人员组织,各组的任务分配,班组内实习工作进展的联络、统计,技术资料的收集、整理及疑难问题的汇报、处理,等等。

学生实习小组长在指导老师和班委的领导下,担任下列工作。

(1)负责小组的学习安排、纪律维护、安全保障、组织协调和管理监督。
(2)负责制定小组的工作计划,进行任务布置、分工安排和人员轮换。
(3)负责组织保管好分发的仪器、设备,以及实习过程中所需的技术资料。
(4)负责定期向班委和指导老师汇报组内成员的工作进展、学习情况与思想动态。
(5)负责填写"实习成绩分析记录表",并撰写小组实习工作总结。

七、实习纪律

(1)严格遵守校风校纪,不得无故迟到、早退、缺勤。实习期间原则上不准请事假,如有特殊情况,应向组织管理组指导老师报批并获得批准。
(2)讲究文明礼貌,遵纪守法。遵守纪律,注意道德修养,严禁出现打人、骂人、侮辱他人等行为。
(3)爱护和妥善使用仪器,仪器如有损坏和丢失,应及时向组织管理组指导老师汇报;指导老师应及时检验,并根据实际情况,按学院有关规定处理。对于隐瞒事故、知情不报的小组,将追究组长责任,并对责任人进行加重处理。

八、注意事项

(1)实习小组成员应服从领导、听从指挥、爱护仪器,妥善保管好实习资料,努力工作,争取提前完成任务。
(2)加强同学之间、师生之间的团结,注意处理好群众关系;严格遵守作息时间;注意天气变化,及时增减衣物;注意饮食卫生,确保身体健康;注意交通安全。
(3)提高警惕性,防止仪器设备丢失和意外事故的发生。

第二节 测量实习技术指导

一、测区概况

本次测量的测区位置为××省××市××县××乡××，测区地形较为平坦，多数坡度在 3°以下，属平地，但又属建筑区。测区内居住密集、树木茂盛、人流、车辆往来频繁，导致通视条件较差。

二、测绘资料

测区内有两个已知点（1、2 号点）的平面坐标和高程。

三、测量实习技术指导及作业方法

1．平面控制测量

各小组可用全站仪导线分别建立闭合导线以作为图根平面控制。

（1）平面控制外业。

全站仪导线测量

① 选点。每组在分配任务范围（200m×250m）内选 10～12 个图根控制点，组成闭合导线，作为小组平面控制。控制点应选在土质坚实、便于保存标志和安置仪器、视野开阔、便于施测碎部的地方；相邻控制点间应通视良好、相对平坦，便于量距和测角；导线边长为 50～90m。

控制点选定后，应立即打桩并划十字线或钉小钉标志，还应立即编号、绘制点之记。

② 导线各内角应采用全站仪施测一个测回。当前、后半测回角值之差 $\Delta\beta \leqslant \Delta\beta_{容} = \pm 40''$ 时，取其平均值作为最后结果。导线角度闭合差 $f_{\beta应} \leqslant f_{\beta容} = \pm 40''\sqrt{n}$（$n$ 为转折角的数目）。

③ 导线各边长应用全站仪往返测量，相对误差 $k_d \leqslant k_{d容} = 1/5000$。

④ 联测。为将控制点的坐标纳入统一坐标系统，应与首级控制网点联测，以传递方位角、坐标和高程。为保证联测精度，其连接角的圆周角闭合差应不超过 40″；边长应往返测量，其往返较差的相对误差应不超过 1/5000。

（2）平面控制测量内业。

将校验过的外业数据及联测出的起算数据填入导线坐标计算表进行内业计算，当计算导线全长的相对闭合差 $k \leqslant k_{容} = 1/2000$ 时，可进行平差，计算各导线点的坐标。

2．高程控制测量

高程控制网可选用平面控制网点和高程系统，均采用图根水准测量方法施测，具体要求如下。

双仪高法水准测量

（1）观测方法为双仪高法，采用 DS3 型水准仪施测。

（2）每一站精度要求：两次高差之差不超过 5mm，取平均值。

（3）高程内业。将校核过的外业数据填入水准高程内业计算表进行计算，水准路线闭合差 $f_h \leqslant f_{h容} = \pm 40\sqrt{L}$（mm）或 $\pm 12\sqrt{n}$（mm）（L 为水准路线长；n 为测站数，以 km 计），然后，根据联测点的高程，推算出各控制点的高程。

3．全站仪放样平面坐标

（1）安置好全站仪后，开机并选择坐标放样菜单，输入测站点坐标并记录。

（2）输入定向点坐标或者方位角，并瞄准该点进行定向测量。

（3）输入待放样点坐标后，仪器上即会显示当前测站点到待放样点的距离和定向后应偏转的角度。

（4）先转动全站仪照准部，使方向角度差显示为 0，然后持棱镜杆到这一方向上进行量距。测量后，仪器上即会显示还需前进或者后退的距离差。调整棱镜杆的位置，直至距离差为 0。

4．水准仪放样已知高程 $H_设$

（1）在水准点 A 与待测高程点 B（墙面或柱子上）之间安置水准仪，读取点 A 的后视读数 a，根据水准点高程 H_A 和待放样点 B 的高程 $H_设$，计算出点 B 的前视读数 $b = H_A + a - H_设$。

（2）使水准尺紧贴点 B 所在的墙面上下移动，当视线水平、中丝对准尺上读数为 b 时，沿尺底在墙面上做出标记，即为放样的高程位置。

（3）重新测定上述尺底线的高程，检查误差是否超限。

四、成果提交基本要求

1．小组上交资料

平面和高程控制测量外业记录表。

2．个人应交资料

（1）平面和高程控制测量的计算成果。

（2）点位放样记录。

（3）实习报告书。

第三节　测量实习成果报告

1. 导线测量手簿（一测回）

测站点	竖盘位置	目标	度盘读数/(° ′ ″)	水平角值（右角或左角）/(° ′ ″)	平均角值（右角或左角）/(° ′ ″)	边名	边长/m	备注（示意图）
	左							
	右							
	左							
	右							
	左							
	右							
	左							
	右							
	左							
	右							

续表

测站点	竖盘位置	目标	度盘读数 /(° ′ ″)	水平角值（右角或左角）/(° ′ ″)	平均角值（右角或左角）/(° ′ ″)	边名	边长/m	备注（示意图）
	左							
	右							
	左							
	右							
	左							
	右							
	左							
	右							
	左							
	右							

续表

测站点	竖盘位置	目标	度盘读数 /(° ′ ″)	水平角值（右角或左角）/(° ′ ″)	平均角值（右角或左角）/(° ′ ″)	边名	边长/m	备注（示意图）
	左							
	右							
	左							
	右							
	左							
	右							
	左							
	右							
	左							
	右							

续表

测站点	竖盘位置	目标	度盘读数 /(° ′ ″)	水平角值（右角或左角）/(° ′ ″)	平均角值（右角或左角）/(° ′ ″)	边名	边长/m	备注（示意图）
	左							
	右							
	左							
	右							
	左							
	右							
	左							
	右							
	左							
	右							

2. 导线测量成果计算表

点号	观测角 /(° ′ ″)	角度改正数/(″)	改正后角值/(° ′ ″)	坐标方位角/(° ′ ″)	距离/m	坐标增量 Δx			坐标增量 Δy			纵坐标 x/m	横坐标 y/m
						计算值/m	改正值/mm	改正后的值/m	计算值/m	改正值/mm	改正后的值/m		

续表

点号	观测角/(°'")	角度改正数/(")	改正后角值/(°'")	坐标方位角/(°'")	距离/m	坐标增量 Δx			坐标增量 Δy			纵坐标 x/m	横坐标 y/m
						计算值/m	改正值/mm	改正后的值/m	计算值/m	改正值/mm	改正后的值/m		
Σ													
辅助计算													

3. 双仪高法闭合水准测量手薄

测站	测点	后视读数/m	前视读数/m	实测高差/m	平均高差/m

续表

测站	测点	后视读数/m	前视读数/m	实测高差/m	平均高差/m
辅助计算					

4. 水准测量成果计算表

测点	站数	实测高差/m	改正数/mm	改正后高差/m	高程/m	测点
辅助计算						

5. 点位放样记录

简述使用仪器进行建筑物抄平放线的实习过程。

6. 测量实习总结报告

第四章 测量实训（2周）指导

工程测量技术实验指导

第一节 测量实训计划

一、测量实训目的

测量实训是在理论教学之后安排的一项重要实训环节,用于检验课堂理论、巩固和深化理论知识。测量实训的目的:让学生掌握测量的基本理论、测量仪器的基本使用方法及测量在实际工程中的应用,培养学生掌握现代测量的基本实践技能,使学生具备分析问题、解决问题能力,培养学生的团结协作能力和创新意识。

二、测量实训内容与任务要求

测量实训主要进行地形图测绘和点位放样训练,先按照"先控制后碎部"的原则,在指定测区先进行小地区图根控制测量;然后在控制点成果的基础上,指导老师指定测区的边界范围,学生按照1∶500地形图测量的基本要求,使用全站仪进行数字测图,并用软件在计算机上绘制地形图;最后,进行点位放样训练,在地形图的成果上选择某一合适区域,根据坐标值假定建筑物的4个角点坐标,应用全站仪在现场放样出来,并在指定的墙面上放样某固定高程点。测量实训内容包括小地区图根控制测量、地形图的绘制和点位放样。

1. 小地区图根控制测量

1)主要内容

导线测量、四等水准测量。

2)任务要求

以全站仪导线测量作为测区的平面控制,其精度应满足图根导线的要求;同时,用四等水准测量的精度要求测定各控制点高程,作为测区的高程控制。

2. 地形图的绘制

1)主要内容

全站仪数字测图。

2)任务要求

以图根控制点为基础,指定包含建筑物的某一区域,地物种类齐全,难度适中,按照竣工图的绘制要求利用全站仪进行数字测图;也可以选择某条道路,测绘道路边线外扩 50m 范围内的带状地形图。

3. 点位放样

1)主要内容

点的平面位置测设和高程测设。

2）任务要求

根据所测绘的地形图，在图中空旷位置设计某一 4 点建筑物，在图中查询其角点坐标，学生在现场进行放样，通过实训，要求学生能熟练掌握使用全站仪进行点的平面坐标放样和使用水准仪进行高程放样的基本方法。

三、设备与器材配制

测量实训分组进行，每组使用的设备、仪器及数量如下。

全站仪 1 台，水准仪 1 台，棱镜 1 个，棱镜杆 1 根，水准尺 1 对，钢尺 1 把，计算器 1 个，安装有绘图软件的计算机 1 台，各记录表 1 套，木桩若干根，测钎 2 个，钉、锤若干。

四、时间安排

测量实训时间共 2 周，按 10 天计算，具体时间安排见表 4-1。

表 4-1 测量实训时间安排

序号	实训名称	内容	实训时数
1	实训任务安排	实训动员、分组领取仪器、选点等	0.5 天
2	控制测量外业测量	导线测量（两测回）	2 天
		四等水准测量	2 天
3	控制测量内业计算	控制内业计算	1 天
4	地形图的绘制	全站仪数字测图外业数据采集	2 天
		内业绘图	1 天
5	点位放样	点的平面坐标和高程放样	1 天
6	整理实训报告	全站仪、水准仪考核	0.5 天
合　计			10 天

五、成绩考核

成绩考核标准见表 4-2。

表 4-2 成绩考核标准

项目	考评办法	考评标准	计分办法
实训期间平时考核	按实训期间的出勤情况、具体表现、掌握实训内容的情况给分	按时参加实训、听从安排、积极认真、勤学好问、态度端正计满分，否则酌情扣分	满分为 30 分，按实际情况计分 M_1

续表

项目	考评办法	考评标准	计分办法
实际操作考试	仪器操作的规范化和熟练程度、仪器维护情况	水准仪或全站仪考核得分的平均值	满分为30分,按实际情况计分 M_2
提交的成果	结合本小组的具体实训过程及测量数据进行正确的叙述、格式规范、结尾有总结性分析	叙述全面,记录、计算符合规范要求,分析正确,字迹工整满分,否则酌情扣分	满分为40分,按实际情况计分 M_3
总成绩评定	把各项目实际得分相加即为总成绩 $M = M_1+M_2+M_3$		

六、实训领导与组织

为加强实训期间各项管理工作有效地进行,将指导老师分成组织管理组和技术指导组。

组织管理组由教研室主任任组长,负责学生实训期间的政治思想、组织管理、作风、纪律、检查、监督,以及参观工地、实际项目的联系等工作。组织管理组分工由任课老师及其他实训指导老师具体安排。

技术指导组由任课老师及其他实训指导老师组成。技术指导组负责技术指导和仪器管理工作。技术指导采用"三点链接式"指导法,即在每阶段实训开始前进行"集中辅导",由任课老师介绍前段实训中存在问题的解决方法和后段实训的技术要点;实训开始后进行"巡回指导",由技术指导组指导老师巡回各组进行指导;然后在实训指导办公室进行"定点答疑",以解决各小组随机发生的技术问题。

学生实训以小组为单位进行,每班学员分为5~6个小组。每组5~6人,设组长1人,组长由小组成员民主选举。在实训期间,各组成员不准任意更换,抽调人员须经组织管理组组长批准。

在实训期间,各班班委应充分发挥作用,积极配合指导老师开展班组里的各项实训工作,即班组会议召集,人员组织,各组的任务分配,班组内实训工作进展的联络、统计,技术资料的收集、整理及疑难问题的汇报、处理,等等。

学生实训小组长在指导老师和班委的领导下,担任下列工作。

(1)负责小组的学习安排、纪律维护、安全保障、组织协调和管理监督。

(2)负责制定小组的工作计划,进行任务布置、分工安排和人员轮换。

(3)负责组织保管好分发的仪器、设备,以及实习过程中所需的技术资料。

(4)负责定期向班委和指导老师汇报组内的工作进展、学习情况与思想动态。

(5)负责填写"实训成绩分析记录表",并撰写小组实训工作总结。

七、实训纪律

(1)严格遵守校风校纪,不得无故迟到、早退、缺勤。实训期间原则上不准请事假,如有特殊情况,应向组织管理组指导老师报批并获得批准。

(2)讲究文明礼貌,遵纪守法。遵守纪律,注意道德修养,严禁出现打人、骂人、侮辱他人等行为。

（3）爱护和妥善使用仪器，仪器如有损坏和丢失，应及时向组织管理组指导老师汇报；指导老师应及时检验，并根据实际情况，按学院有关规定处理。对于隐瞒事故、知情不报的小组，将追究组长责任，并对责任人进行加重处理。

八、注意事项

（1）实训小组成员应服从领导、听从指挥、爱护仪器，妥善保管好实训资料，努力工作，争取提前完成任务。

（2）加强同学之间、师生之间的团结，注意处理好群众关系；严格遵守作息时间；注意天气变化，及时增减衣物；注意饮食卫生，确保身体健康；注意交通安全。

（3）提高警惕性，防止仪器设备丢失和意外事故的发生。

工程测量技术实验指导

第二节　测量实训技术指导

一、测区概况

本次测量的测区位置为××省××市××县××乡××，测区地形较为平坦，多数坡度在 3°以下，属平地。测区内视野开阔，交通便利，建筑物较多，车辆、行人较多，地物齐全。

二、测绘资料

测区内有两个已知点（1、2 号点）的平面坐标和高程。

三、测量实训技术指导及作业方法

1. 平面控制测量

各小组可用全站仪导线分别建立闭合导线以作为图根平面控制。

（1）平面控制外业。

① 选点。每组在分配任务范围内选 8～10 个图根控制点，组成闭合导线，作为小组平面控制。控制点应选在土质坚实、便于保存标志和安置仪器、视野开阔、便于施测碎部的地方；相邻控制点间应通视良好、相对平坦，便于量距和测角；导线边长为 50～90m。

控制点选定后，应立即打桩并划十字线或钉小钉标志，还应立即编号、绘制点之记。

② 导线各内角应采用全站仪施测两个测回。当前、后半测回角值之差 $\Delta\beta \leqslant \Delta\beta_{容}=\pm40''$ 时，取其平均值作为最后结果。导线角度闭合差 $f_{\beta应} \leqslant f_{\beta容}=\pm40''\sqrt{n}$（$n$ 为转折角的数目）。

③ 导线各边长应用全站仪往返测量，相对误差 $k_d \leqslant k_{d容}=1/5000$。

④ 联测。为将控制点的坐标纳入统一坐标系统，应与首级控制网点联测，以传递方位角、坐标和高程。为保证联测精度，其连接角的圆周角闭合差应不超过 40″；边长应往返测量，其往返较差的相对误差应不超过 1/5000。

（2）平面控制测量内业。

将校验过的外业数据及联测出的起算数据填入导线坐标计算表进行内业计算，当计算导线全长的相对闭合差 $k \leqslant k_{容}=1/2000$ 时，可进行平差，计算各导线点的坐标。

2. 高程控制测量

高程控制网可选用平面控制网点和高程系统，均采用四等水准测量方法施测，具体要求如下。

（1）观测方法按照四等水准测量的规定，采用 DS3 型水准仪及双面尺施测，观测顺序为"后—前—前—后"。

(2) 每一站精度要求：前后视距差≤5mm；前后视距累计差≤10mm；同一尺黑红面中丝读数常数差误差≤3mm；黑红面高差之差误差≤5mm，取平均值。

(3) 高程内业。将校核过的外业数据填入水准高程内业计算表进行计算，水准路线闭合差 $f_h \leqslant f_{h容} = \pm 20\sqrt{L}$（mm）或 $\pm 6\sqrt{n}$（mm）（L 为水准路线长；n 为测站数，以 km 计），然后，根据联测点的高程，推算出各控制点的高程。

3. 全站仪数字测图

1）数据采集方法和步骤

数据采集前，将控制点成果表准备好，坐标数据核对无误。

(1) 对中、整平，安置仪器于测站点上。

(2) 开机，按 MENU 进入主菜单，再进入数据采集程序。

(3) 输入测站点坐标，量取仪器高并输入，按"记录"键保存。

(4) 输入后视点坐标或者后视方位角，输入棱镜高，瞄准后视点并进行测量，按"设置"键保存。

(5) 采集碎部点前应先采集第三个控制点进行坐标检核，确认无误后开始碎部点采集。

(6) 数据采集时记录每一测站的设站信息，并绘制草图，注意定期核对点号。

2）数据传输

在进行数据传输之前，首先要检查通信线缆连接是否正确，接着打开 CASS 软件，进入读取全站仪数据子菜单。在选择测量仪器型号后，需确保各项通信参数与全站仪中的设置一致，随后即可进行数据传输。

3）利用 CASS 软件绘制地形图

(1) 展示野外测量点点号。

(2) 结合绘制的草图，利用屏幕菜单中提供的图式绘制各种地物。

(3) 展示高程点。

(4) 建立三角网，生成等高线并进行修剪。

(5) 对测得的地形图进行检查、整饰。

(6) 加图框并打印出图。

4. 全站仪放样平面坐标

(1) 安置好全站仪后，开机并选择坐标放样菜单，输入测站点坐标并记录。

(2) 输入定向点坐标或者方位角，并瞄准该点进行定向测量。

(3) 输入待放样点坐标后，仪器上即会显示当前测站点到待放样点的距离和定向之后应该偏转的角度。

(4) 先转动全站仪照准部，使方向角度差显示为 0，然后持棱镜杆到这一方向上进行量距。测量后，仪器上即会显示还需前进或者后退的距离差。调整棱镜杆的位置，直至距离差为 0。

5. 水准仪放样已知高程 $H_{设}$

(1) 在水准点 A 与待测高程点 B（墙面或柱子上）之间安置水准仪，读取点 A 的后视读

数 a，根据水准点高程 H_A 和待放样点 B 的高程 $H_设$，计算出点 B 的前视读数 $b=H_A+a-H_设$。

（2）使水准尺紧贴点 B 所在的墙面上下移动，当视线水平、中丝对准尺上读数为 b 时，沿尺底在墙面上做出标记，即为放样的高程位置。

（3）重新测定上述尺底线的高程，检查误差是否超限。

四、成果提交基本要求

1．小组上交资料

（1）平面和高程控制测量外业记录表。

（2）全站仪数据采集草图和电子版地形图成果。

2．个人应交资料

（1）平面和高程控制测量的计算成果。

（2）抄平放线记录。

（3）实训报告书。

第三节　测量实训成果报告

1. 导线观测手簿（两测回）

测站	竖盘位置	目标	水平度盘读数 /（°′″）	半测回角值 /（°′″）	一测回角值 /（°′″）	各测回角值 /（°′″）	边长/m	
	左						边名	—
							1	
	右						2	
							3	
	左						边名	—
							1	
	右						2	
							3	
	左						边名	—
							1	
	右						2	
							3	
	左						边名	—
							1	
	右						2	
							3	
	左						边名	—
							1	
	右						2	
							3	
	左						边名	—
							1	
	右						2	
							3	
	左						边名	—
							1	
	右						2	
							3	
	左						边名	—
							1	
	右						2	
							3	

续表

测站	竖盘位置	目标	水平度盘读数 /(°′″)	半测回角值 /(°′″)	一测回角值 /(°′″)	各测回角值 /(°′″)	边长/m	
	左						边名	—
							1	
	右						2	
							3	
	左						边名	—
							1	
	右						2	
							3	
	左						边名	—
							1	
	右						2	
							3	
	左						边名	—
							1	
	右						2	
							3	
	左						边名	—
							1	
	右						2	
							3	
	左						边名	—
							1	
	右						2	
							3	
	左						边名	—
							1	
	右						2	
							3	
	左						边名	—
							1	
	右						2	
							3	

续表

测站	竖盘位置	目标	水平度盘读数 /(°′″)	半测回角值 /(°′″)	一测回角值 /(°′″)	各测回角值 /(°′″)	边长/m	
	左						边名	—
							1	
	右						2	
							3	
	左						边名	—
							1	
	右						2	
							3	
	左						边名	—
							1	
	右						2	
							3	
	左						边名	—
							1	
	右						2	
							3	
	左						边名	—
							1	
	右						2	
							3	
	左						边名	—
							1	
	右						2	
							3	
	左						边名	—
							1	
	右						2	
							3	

续表

测站	竖盘位置	目标	水平度盘读数 /(° ′ ″)	半测回角值 /(° ′ ″)	一测回角值 /(° ′ ″)	各测回角值 /(° ′ ″)	边长/m	
	左						边名	—
							1	
	右						2	
							3	
	左						边名	—
							1	
	右						2	
							3	
	左						边名	—
							1	
	右						2	
							3	
	左						边名	—
							1	
	右						2	
							3	
	左						边名	—
							1	
	右						2	
							3	
	左						边名	—
							1	
	右						2	
							3	
	左						边名	—
							1	
	右						2	
							3	
	左						边名	—
							1	
	右						2	
							3	

2. 导线测量成果计算表

点号	观测角 /(° ′ ″)	角度改正数/(″)	改正后角值/(° ′ ″)	坐标方位角/(° ′ ″)	距离/m	坐标增量 Δx			坐标增量 Δy			纵坐标 x/m	横坐标 y/m
						计算值/m	改正值/mm	改正后的值/m	计算值/m	改正值/mm	改正后的值/m		

续表

点号	观测角/(° ′ ″)	角度改正数/(″)	改正后角值/(° ′ ″)	坐标方位角/(° ′ ″)	距离/m	坐标增量 Δx			坐标增量 Δy			纵坐标 x/m	横坐标 y/m
						计算值/m	改正值/mm	改正后的值/m	计算值/m	改正值/mm	改正后的值/m		
Σ													
辅助计算													

3. 四等水准测量观测手簿

测段：_____～_____　　日期：___年___月___日　　仪器型号：_____
开始：_____时_____分　　天气：_____　　观 测 者：_____
结束：_____时_____分　　成像：_____　　记 录 者：_____

测站编号	点号	后尺 上丝 下丝 后视距 视距差	前尺 上丝 下丝 前视距 累计差	方向及尺号	水准尺中丝读数		K+黑-红 /mm	平均高差 /m	备注
					黑面	红面			
		（1）	（4）	后	（3）	（8）	（14）		
		（2）	（5）	前	（6）	（7）	（13）		
		（9）	（10）	后-前	（15）	（16）	（17）	（18）	
		（11）	（12）						
				后					
				前					
				后-前					
				后					
				前					K_1=
				后-前					
									K_2=
				后					
				前					
				后-前					
				后					
				前					
				后-前					

测段：_____～_____　　日期：____年__月__日　　仪器型号：_____
开始：____时____分　　　　天气：_____　　　观　测　者：_____
结束：____时____分　　　　成像：_____　　　记　录　者：_____

测站编号	点号	后尺 上丝 / 下丝 / 后视距 / 视距差	前尺 上丝 / 下丝 / 前视距 / 累计差	方向及尺号	水准尺中丝读数 黑面	水准尺中丝读数 红面	K+黑-红 /mm	平均高差 /m	备注
		（1）	（4）	后	（3）	（8）	（14）		
		（2）	（5）	前	（6）	（7）	（13）		
		（9）	（10）	后-前	（15）	（16）	（17）	（18）	
		（11）	（12）						
				后					
				前					
				后-前					
				后					K_1=
				前					
				后-前					K_2=
				后					
				前					
				后-前					
				后					
				前					
				后-前					

第四章 测量实训（2周）指导

测段：_____~_____　　日期：___年__月__日　　仪器型号：_____
开始：____时____分　　天气：_____　　观　测　者：_____
结束：____时____分　　成像：_____　　记　录　者：_____

测站编号	点号	后尺 上丝 下丝 / 后视距 / 视距差	前尺 上丝 下丝 / 前视距 / 累计差	方向及尺号	水准尺中丝读数 黑面	水准尺中丝读数 红面	K+黑-红 /mm	平均高差 /m	备注
		（1）	（4）	后	（3）	（8）	（14）		
		（2）	（5）	前	（6）	（7）	（13）		
		（9）	（10）	后-前	（15）	（16）	（17）	（18）	
		（11）	（12）						
				后					
				前					
				后-前					
				后					
				前					$K_1=$
				后-前					$K_2=$
				后					
				前					
				后-前					
				后					
				前					
				后-前					

测段：_____～_____　　日期：___年___月___日　　仪器型号：_____
开始：____时____分　　天气：_____　　观测者：_____
结束：____时____分　　成像：_____　　记录者：_____

测站编号	点号	后尺 上丝 下丝 后视距 视距差	前尺 上丝 下丝 前视距 累计差	方向及尺号	水准尺中丝读数 黑面	水准尺中丝读数 红面	K+黑−红 /mm	平均高差 /m	备注
		(1)	(4)	后	(3)	(8)	(14)		
		(2)	(5)	前	(6)	(7)	(13)		
		(9)	(10)	后−前	(15)	(16)	(17)	(18)	
		(11)	(12)						
				后					
				前					
				后−前					
				后					K_1=
				前					
				后−前					K_2=
				后					
				前					
				后−前					
				后					
				前					
				后−前					

4．水准测量成果计算表

测点	站数	实测高差/m	改正数/mm	改正后高差/m	高程/m	测点
辅助计算						

5. 全站仪数据采集草图用纸

测站 （　）	测站点	点名：	坐标：		仪器高：
	后视点	点名：	坐标：		方位角：
	检核点	点名：	已知坐标：		$\Delta x=$ $\Delta y=$ $\Delta H=$
		实测坐标：			
	碎部点	～		增设测站点：	
测站 （　）	测站点	点名：	坐标：		仪器高：
	后视点	点名：	坐标：		方位角：
	检核点	点名：	已知坐标：		$\Delta x=$ $\Delta y=$ $\Delta H=$
		实测坐标：			
	碎部点	～		增设测站点：	
测站 （　）	测站点	点名：	坐标：		仪器高：
	后视点	点名：	坐标：		方位角：
	检核点	点名：	已知坐标：		$\Delta x=$ $\Delta y=$ $\Delta H=$
		实测坐标：			
	碎部点	～		增设测站点：	
测站 （　）	测站点	点名：	坐标：		仪器高：
	后视点	点名：	坐标：		方位角：
	检核点	点名：	已知坐标：		$\Delta x=$ $\Delta y=$ $\Delta H=$
		实测坐标：			
	碎部点	～		增设测站点：	

续表

测站 （ ）	测站点	点名：	坐标：		仪器高：
	后视点	点名：	坐标：		方位角：
	检核点	点名：	已知坐标：		$\Delta x=$ $\Delta y=$ $\Delta H=$
		实测坐标：			
	碎部点	～		增设测站点：	
草图：					

6. 点位放样记录

简述使用仪器进行建筑物抄平放线的实习过程。

7. 测量实训总结报告

第四章 测量实训（2周）指导

附录 A 测量综合应用案例

××公司办公大楼工程施工测量方案

1. 工程概况

××公司办公大楼工程位于天津经济技术开发区,建筑面积为18315m^2,结构形式为全现浇框架结构,建筑物檐高为24.4m,室内外高差为450mm,±0.000相当于绝对标高为4.450m。

基础为钢筋混凝土承台结构,埋深-1.700m,100mm厚C25混凝土垫层,外轴线尺寸为64.8m×57.6m,内设3部电梯。

2. 控制点的布置及施测

(1) 从场地实际情况来看,连廊后期施工,拟建建筑物的四周场地狭小,故南北向和东西向控制点集中布设在东侧和北侧的原有混凝土路面上,西侧和南侧只布设远向复核控制点。

(2) 布设的控制点均引至四周永久性建筑物或马路上,且要求通视,采用正倒镜分中法投测轴线时或后视时均在观测范围之内。

(3) 根据甲方要求和测量大队提供的控制点形成四边形进行控制。

(4) 对楼层进行网状控制,兼顾±0.000以上施工,设置①、⑨轴和Ⓐ、Ⓚ轴为控制轴。

(5) 根据甲方提供的高程控制点数据,向建筑物的东、西、南、北各引测一个固定控制点。

(6) 水准点按三等水准测量要求施测。

(7) 所有控制点设专人保护,定期巡视,并且每月复核一次,使用前必须进行复核。

3. 轴线及各控制线的放样

地面控制点布设完后,转角处线采用2″经纬仪进行复测。各轴线间距离采用钢尺量距检测,经校核无误后进行施测。

(1) 基础施工轴线控制,直接采用基坑外控制桩两点通视直线投测法,向基坑内投测轴线(采用三点成一线及转直角复测),再按投测控制线引放其他细部控制线,且每次控制轴线的放样必须独立施测两次,经校核无误后方可使用。

(2) 由于基础挖深为1.3m左右,基础施工时的标高引测可以直接采用基坑外围的-0.500m标高点。

(3) ±0.000以上施工,采用正倒镜分中法投测其他细部轴线。

(4) ±0.000以上高程传递,采用钢尺直接测量法,当竖直方向有凸出部分,不便于拉尺时,可采用悬吊钢尺法。每层高度上设两个以上水准点,两尺导入误差必须符合规范要求,否则应独立施测两次。每层均采用首层统一高程点向上传递,不得逐层向上测量,且应层层校核。因±0.000以上结构采用在固定柱的竖向钢筋上抄测0.500m控制点,以供结构施工标高控制使用，因此必须校核准确。

（5）各层平面放出的细部小线，特别是柱、墙的控制线必须校核无误，以便检查结构浇筑质量和指导进一步施工。

（6）二次结构施工以原有控制轴线为准，引放其他墙体及门窗洞口尺寸。外窗洞口采用经纬仪进行投测，确保贯通控制线在外立面上准确标定。窗洞口标高以各层建筑 50 标高线为基准进行控制，并在外立面水平方向弹出贯通控制线，确保周圈闭合，以保证窗口位置正确、上下垂直、左右对称一致。

（7）室内装饰面施工时，平面控制仍以结构施工控制线为依据，标高控制以建筑 50 标高线为准，要求周圈闭合，误差在限差范围内。

（8）外墙四大角以控制轴线为准，确保四大角垂直方正。使用经纬仪进行投测，确保上下贯通，竖向垂直线供装饰施工时的控制校核使用。

（9）外墙壁饰面施工时，以放样图为依据，并以外门窗洞口及四大角上下贯通控制线为准，弹出方格网控制线（方格网大小以饰面块材尺寸而定）。

4．轴线及高程点测量放线程序

1）基础工程测量放线程序（图 A.1）

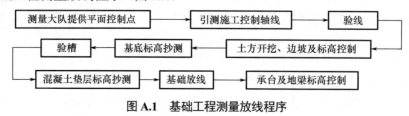

图 A.1　基础工程测量放线程序

2）上部结构工程测量放线程序（图 A.2）

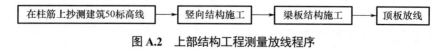

图 A.2　上部结构工程测量放线程序

3）二次结构及装修工程测量放线程序（图 A.3）

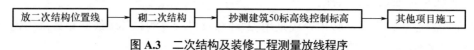

图 A.3　二次结构及装修工程测量放线程序

5．施工时的各项限差和质量保证措施

（1）为保证误差在允许的范围内，各种控制测量必须执行相关测量规范，操作按规范要求进行，各项限差必须达到下列要求。

① 轴线控制桩位放样偏差不得超过 1mm。

② 各施工层上轴线点放线偏差不得超过 4mm。

③ 标高竖向传递误差，每层允许偏差不得超过 3mm，总高允许偏差不得超过 5mm。

④ 轴线竖向投测误差，每层允许偏差不得超过 3mm，总高允许偏差不得超过 5mm。

（2）放样工作按下述要求进行。

① 仪器各项限差符合同级别仪器限差要求。

② 钢尺量距时，对悬空和倾斜测量应在满足限差要求的情况下考虑垂曲及倾斜改正。

③ 标高抄测时，独立施测两次，其限差为±3mm，所有抄测应以水准点为后视。

④ 垂直度观测：采取吊垂球时应在无风的情况下，如有风但不得不采取吊垂球时，可将垂球置于水桶内。

（3）细部放样应遵循下列原则。

① 用于细部测量的控制点或线必须经过检验。

② 细部测量坚持由整体到局部的原则。

③ 有方格网的必须校正对角线。

④ 方向控制尽量使用距离较长的点。

⑤ 所有结构控制线必须清楚明确。

6．施工时的沉降观测

（1）按设计要求，本建筑物需做沉降观测，要求在整个施工期间进行观测，直至沉降基本稳定。

（2）本建筑物施工时沉降观测按二等水准测量要求进行，沉降观测精度见表A-1。

表A-1 沉降观测精度

等级	标高中误差/mm	相邻高差中误差/mm	观测方法	往返较差复合或环形闭合差/mm
二等	±0.5	±0.3	二等水准测量	$0.6n^{1/2}$（n为测站数）

（3）沉降观测点的设置：在主楼平面四角及每边中点各1个，竖向位置为100～150mm。用于沉降观测的水准点必须设在便于保护的地方。观测点采用本市统一制定的沉降观测标志点。

（4）结构施工期间，每施工一层，复测1次；装修期间每月复测1次，直至竣工。

（5）工程竣工后，第一年测4次，第二年测2次，第三年后每年测1次，直至下沉稳定，一般为5年。

（6）观测资料应及时整理，并与土建专业技术人员共同分析成果。

7．测量复核措施及资料的整理

（1）控制材料的复核措施按2和3的叙述进行。

（2）细部放样采用不同人员、不同仪器或钢尺进行，条件不允许的可独立施测2次。

（3）外业记录采用统一格式，装订成册，回到内业及时整理并填写有关表格，并由不同人员对原始资料及有关表格进行复核，对于特殊测量要有技术总结和相关说明。

（4）有高差作业或重大项目的要报请相关部门或上级单位复核并认可。

（5）对各层放样轴线间的距离采用钢尺量距校核，以达到准确无误。

（6）所有测量资料统一编号，分类装订成册。

8．仪器的配备及人员的组成

1）主要仪器的配备情况

测量仪器配备一览表见表A-2。

表 A-2　测量仪器配备一览表

序号	测量器具名称	型号	单位	数量	备注
1	光学经纬仪	DJ6	台	2	工程开工即组织进场
2	自动安平水准仪	DS3	台	1	
3	钢尺	50m	把	2	
4	钢卷尺	5m	把	10	
5	塔尺	5m	把	2	

2）测量人员组成

项目技术负责人：×名。

测量技术员：2 名。

9．仪器保养和使用制度

（1）仪器实行专人负责制，建立仪器管理台账，由专人保管并填写。

（2）所有仪器必须每年鉴定 1 次，并经常进行自检。

（3）仪器必须置于专业仪器柜内，仪器柜必须干燥、无尘土。

（4）仪器使用完毕后，必须进行擦拭，并填写使用情况表格。

（5）仪器在运输过程中必须手提，禁止置于有振动的车上。

（6）仪器现场使用时，司仪员不得离开仪器。

（7）水准尺不得躺放。测量人员休息时，不得坐在三脚架、水准尺上。

10．测量管理制度

（1）所有测量人员必须持证上岗。

（2）测量人员上岗前必须学习和掌握《城市测量规范》（CJJ/T 8—2011）、《工程测量标准》（GB 50026—2020）、《建筑工程施工测量规程》（DBJ 01—21—95）及公司技术部制定的《测量管理制度》等基本文件。

（3）到现场放样前，必须先熟悉图纸，对图纸技术交底中的有关尺寸进行计算、复核，制定具体的方案后方可进场施测。

（4）所有测量人员必须熟悉控制点的布置，并随时巡视控制点的保存情况，如有破坏应及时汇报。

（5）测量人员应了解工程进展情况，经常与有关领导和有关部门进行业务交流。

（6）经常与技术人员保持联系，及时掌握图纸变更洽商，并及时将变更内容反映在图纸上。

（7）爱护仪器，经常进行擦拭，检查时仪器应保持清洁、灵敏，并定期维修。

（8）有关外业资料要及时收集整理。

（9）定期开展业务学习，努力提高测量人员素质。

（10）必须全心全意为项目部服务，必须将所测的点或线向项目部交代清楚。

附录 B 工程测量测试题

工程测量测试题（一）

一、名词解释（每题 2 分，共计 10 分）

1. 绝对高程

2. 水平角

3. 方位角

4. 等高线

5. 建筑物放线

二、填空（每空 1 分，共计 30 分）

1. 测量工作的基本内容有_____、_____和_____。
2. 在地面上测设点的平面位置常用的方法为_____、_____、_____和_____。
3. 水准仪主要由_____、_____和_____三部分组成。
4. 双面水准尺有黑、红两个尺面，两个红面尺的起点分别是_____和_____。
5. 在水平角测量中影响测角精度的因素很多，主要有_____、_____及_____的影响。
6. 距离测量的方法有_____、_____和_____。

7. 衡量精度的指标有_____、_____和_____。

8. 对线段 AB 进行往返测量，两次测量结果分别为 238.685m 和 238.635m，则 AB 的长度=_____m，相对精度 K=_____。

9. 等高线的种类有_____、_____、_____和_____。

10. 测设的基本工作包括_____、_____和_____。

三、判断题（每题 1 分，共计 10 分。正确的打"√"，错误的打"×"）

1. 距离交会法适用于测量控制点与待测设点距离较近，测量方便时的定位测量。（　　）

2. 在进行闭合导线坐标计算时，坐标增量闭合差 f_x、f_y 的分配原则是：将其反符号按与边长成反比例分配到各坐标增量的计算值中。（　　）

3. 槽底标高检查时，槽底对设计标高的允许误差为±50mm。（　　）

4. 用全站仪测水平角时，其测角误差的大小与测得的水平角的角值大小有关。（　　）

5. 全站仪盘左盘右照准同一目标的水平度盘读数，理论值相差 180°。（　　）

6. 为了调高观测精度，进行沉降观测，需要固定观测人员、观测仪器和观测路线。（　　）

7. 偶然误差可以用计算改正或用一定的观测方法加以消除。（　　）

8. 施工放样是将图纸上设计的建（构）筑物按其设计位置测设到相应的地面上。（　　）

9. 等高线是闭合的曲线，如果不在本幅图内闭合，则必在图外闭合。（　　）

10. 高层建筑物全高垂直度测量偏差不应超过 3H/10000（H 为建筑物总高度）。（　　）

四、简答题（每题 5 分，共计 20 分）

1. 全站仪上有哪几条轴线？各轴线之间应满足什么几何条件？

2. 导线测量选点时应注意哪些事项？

3. 等高线有哪些特征？

4. 编绘竣工总平面图的目的是什么？

五、简答题（10分）

试述用测回法测量水平角的全过程。

六、计算题（共计20分）

1. 设已知直线 BC 的坐标方位角为 235°00′，又推算得直线 CD 的象限角为南偏东 45°00′，试求小夹角∠BCD，并绘图表示。（5分）

2. 用精密方法测设水平角其设计角值为 β=90°00′00″。测设后用测回法测得该角度为 β_1=89°59′12″。如新测设的角的边长为 50.00m，问应该如何调整，才能符合设计要求？并绘图说明。（5分）

3. 填表计算出各点间高差 h 及 B 点的高程 H_B 并进行计算检核。（10分）

测点	水准尺读数/m		高差/m		高程/m	备注
	后视	前视	+	−		
BM_A	1.677				158.768	H_A=158.768
1	1.575	1.635				
2	1.463	1.460				
3	1.488	1.108				
B		2.458				
∑						
计算检核	$\sum a - b =$ $\sum h =$ $H_B - H_A =$					

工程测量测试题（二）

一、名词解释（每题 4 分，共计 20 分）

1. 测量学

2. 绝对高程

3. 竖直角

4. 方位角

5. 建筑物定位

二、填空（每空 0.5 分，共计 20 分）

1. 水准路线的布设形式有_____、_____和_____。

2. 全站仪主要由_____、_____和_____三大部分组成。
3. 测量误差的影响因素包括_____、_____和_____。
4. 导线测量的工作步骤是_____、_____、_____和_____。
5. 测绘学又称测量学，按照不同的工作性质，它包括_____和_____两项主要内容。
6. 地物符号有_____、_____、_____、_____。地貌主要用_____表示。
7. 标准方向的种类有_____、_____、_____。
8. 对线段 AB 进行往返测量，两次测量结果分别为 149.975m 和 150.025m，则 AB 的长度=_____m，相对精度=_____。
9. 我国位于北半球，x 坐标均为_____，y 坐标则有_____。为了避免出现负值，将每带的坐标原点向_____km。
10. 建筑物沉降观测是用_____的方法，周期性地观测建筑物上的沉降观测点和水准基点之间的_____变化值。

三、简答题（每题 5 分，共计 20 分）

1. 建筑工程测量的主要任务是什么？

2. 微倾水准仪上有哪几条轴线？各轴线之间应满足什么条件？

3. 沉降观测时应尽可能做到哪四个固定？

4. 施工控制网与测图控制网相比，具有哪些特点？

四、简答题（15 分）

简述利用全站仪进行大比例尺地形图测绘在一个测站上的具体工作步骤。

五、计算题（25分）

1. 利用高程为119.265m的水准点A，欲测设出高程为119.854m的B点。若水准仪安置在A、B两点之间，A点水准尺读数为1.836m，问B点水准尺读数应是多少？并绘图说明。（5分）

2. 已知直线BC的坐标方位角为210°00′，直线CD的象限角为南偏东60°00′，C点的坐标为（200.00，300.00），CD的边长为100m，试求小夹角$\angle BCD$角度及D点的坐标，并绘图表示。（10分）

3. 试计算下表所列闭合导线点B、C、D的坐标。（10分）
（注：辅助计算中写出计算公式和得数）

点号	距离/m	坐标增量/m		改正后坐标增量/m		坐标值/m	
		ΔX	ΔY	ΔX	ΔY	X	Y
A						1000.00	2000.00
	125.81	−109.50	+61.95				
B							
	162.91	+57.94	+152.26				
C							
	136.84	+126.67	−51.77				
D							
	178.76	−74.99	−162.27				
A							
总和							
辅助计算	$f_x = \sum \Delta x =$ $f_y = \sum \Delta y =$	$v_{xi} = -\dfrac{f_x}{\sum D} D_i =$ $v_{yi} = -\dfrac{f_y}{\sum D} D_i =$		$f_D = \sqrt{f_x + f_y} =$ $k = \dfrac{1}{\sum D / f_D} =$			

工程测量测试题（三）

一、填空题（每空 1 分，共计 30 分）

1. 测量工作的基本内容有_____、_____和_____。
2. 在水平角测量中影响测角精度的因素很多，主要有_____、_____，以及_____的影响。
3. 全站仪由_____、_____和_____三部分组成。
4. 距离测量的方法有_____、_____和_____。
5. 衡量精度的指标有_____、_____和_____。
6. 等高线的种类有_____、_____、_____和_____。
7. 地物符号有_____、_____、_____和_____。地貌主要用_____表示。
8. 我国位于北半球，x 坐标均为_____，y 坐标则有_____。为了避免出现负值，将每带的坐标原点向_____km。
9. 1∶2000 比例尺地形图上 5cm 相对应的实地长度为_____m。
10. 若知道某地形图上线段 AB 的长度是 5.2cm，而该长度代表实地水平距离为 1040m，则该地形图的比例尺为_____，比例尺精度为_____。

二、名词解释（每题 2 分，共计 10 分）

1. 相对高程

2. 竖直角

3．象限角

4．比例尺精度

5．大地水准面

三、选择题（每题1分，共计20分）

1．水准测量中，设后尺 A 的读数 a=2.713m，前尺 B 的读数为 b=1.401m，已知 A 点的高程为 15.000m，则视线高程为（　　）m。

A．13.688　　　　　　　　　　B．16.312
C．16.401　　　　　　　　　　D．17.713

2．在水准测量中，若后视点 A 的读数大，前视点 B 的读数小，则有（　　）。

A．A 点比 B 点低　　　　　　B．A 点比 B 点高
C．A 点与 B 点可能同高　　　D．A、B 两点的高差取决于仪器高度

3．水准仪的（　　）应平行于仪器竖轴。

A．视准轴　　　　　　　　　　B．十字丝横丝
C．圆水准器轴　　　　　　　　D．管水准器轴

4．用全站仪测量水平角时，正倒镜瞄准同一方向所读的水平方向值理论上应相差（　　）。

A．180°　　　B．0°　　　　C．90°　　　　D．270°

5．用全站仪测水平角和竖直角时，采用正倒镜方法可以消除一些误差，下面哪个仪器误差不能用正倒镜法消除？（　　）

A．视准轴不垂直于横轴　　　　B．竖盘指标差
C．横轴不水平　　　　　　　　D．竖轴不竖直

6．测回法测水平角时，如要测四个测回，则第二测回起始读数为（　　）。

A．15°00′00″　　　　　　　　B．30°00′00″
C．45°00′00″　　　　　　　　D．60°00′00″

7．测回法适用于（　　）。

A．单角　　　　　　　　　　　B．测站上有三个方向

C．测站上有三个以上方向　　　　　　D．所有情况

8．用全站仪测竖直角时，盘左读数为 81°12′18″，盘右读数为 278°45′54″，则该仪器的指标差为（　　）。

A．54″　　　　　　B．-54″　　　　　　C．6″　　　　　　D．-6″

9．在竖直角观测中，盘左、盘右取平均值是否能够消除竖盘指标差的影响？（　　）

A．不能　　　　　　　　　　　　　　B．能消除部分影响
C．可以消除　　　　　　　　　　　　D．二者没有任何关系

10．某段距离丈量的平均值为 100m，其往返误差为+4mm，其相对误差为（　　）。

A．1/25000　　　　　　　　　　　　B．1/25
C．1/2500　　　　　　　　　　　　　D．1/250

11．坐标方位角的取值范围是（　　）。

A．0°～270°　　　　　　　　　　　 B．-90°～+90°
C．0°～360°　　　　　　　　　　　 D．-180°～+180°

12．某直线的坐标方位角与该直线的反坐标方位角相差（　　）。

A．270°　　　　　　B．360°　　　　　　C．90°　　　　　　D．180°

13．地面上有 A、B、C 三点，已知 AB 边的坐标方位角为 α_{AB}=35°23′，测得左夹角 ∠ABC=89°34′，则 CB 边的坐标方位角 α_{CB}=（　　）。

A．304°57′　　　　B．124°57′　　　　C．-54°11′　　　　D．305°49′

14．在距离测量中，衡量其测量精度的标准是（　　）。

A．观测误差　　　　B．相对误差　　　　C．中误差　　　　　D．往返误差

15．下列误差中（　　）为偶然误差。

A．照准误差和估读误差
B．横轴误差和指标误差
C．水准管轴不平行于视准轴的误差
D．相对误差

16．测量误差主要有系统误差和（　　）。

A．仪器误差　　　　　　　　　　　　B．观测误差
C．容许误差　　　　　　　　　　　　D．偶然误差

17．钢尺量距中，钢尺的尺长误差对距离丈量产生的影响属于（　　）。

A．偶然误差　　　　　　　　　　　　B．系统误差
C．可能是偶然误差也可能是系统误差　D．既不是偶然误差也不是系统误差

18．测量一正方形的四条边长，其观测中误差均为±2cm，则该正方形周长的中误差为±（　　）cm。

A．0.5　　　　　　　B．2　　　　　　　C．4　　　　　　　D．8

19．对某边观测四测回，观测中误差为±2cm，则算术平均值的中误差为（　　）。

A．±0.5cm　　　　　B．±1cm　　　　　C．±2cm　　　　　D．±4cm

20．对某角观测一测回的中误差为±3″，现要使该角的观测结果精度达到±1.4″，需观测（　　）个测回。

A．2　　　　　　　　B．3　　　　　　　C．5　　　　　　　D．4

四、简答题（每小题 5 分，共计 15 分）

1．建筑工程测量的主要任务是什么？

2．导线测量选点时应注意哪些事项？

3．试简述用测回法测量水平角的全过程。

五、计算题（共计 25 分）

1．对某线段测量 6 次，其结果为 L_1=246.535m，L_2=246.548m，L_3=246.520m，L_4=246.529m，L_5=246.550m，L_6=246.537m。试求：（1）该线段的最或然值；（2）观测值的中误差；（3）该线段的最或然值中误差及相对误差。（10 分）

2．已知待测点 P 的坐标为 Y_P=4903.596m，X_P=3023.793m，已知 A 点的坐标 Y_A=4802.732m，X_A=2983.765m，计算 A～P 方位角 $α_{AP}$ 和 A～P 的距离 S_{AP}。（5 分）

3. 下图是一水准路线图,已知水准点 BM_A 的高程为 165.250m,现拟测定点 B 的高程,观测数据列于下表中,试计算点 B 高程。(10 分)

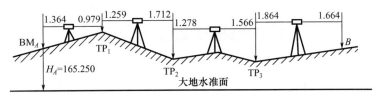

水准测量手簿

测站	测点	水准尺读数/m		高差/m		初算高程/m	备注
		后视 a	前视 b	+	−		
1	BM_A	1.364				165.250	已知高程
	TP_1		0.979				
2	TP_1	1.259					
	TP_2		1.712				
3	TP_2	1.278					
	TP_3		1.566				
4	TP_3	1.864					
	B		1.664				
计算检核	$\sum$			$\sum h =$		$H_终 - H_始$	
	$\sum a - \sum b$						

在线答题

工程测量测试题（四）

一、单项选择题（每题 1 分，共计 15 分）

1. 测量学中，称（   ）为测量工作的基准面。
   A. 水平面   B. 参考椭球面   C. 大地水准面   D. 赤道面

2. 已知某导线的一条导线边边长 S=1000m，该导线边的测量中误差是±500mm，则该导线边的相对中误差为（   ）mm。
   A. 20/1   B. ±0.5   C. 1/1000   D. 1/2000

3. 尺长误差和温度误差属（   ）。
   A. 偶然误差   B. 系统误差   C. 中误差   D. 观测误差

4. 地面点沿正常重力线方向至似大地水准面的距离称为（   ）。
   A. 正常高   B. 大地高   C. 正高   D. 高程异常

5. 全站仪视准轴检验和校正的目的是（   ）。
   A. 使视准轴垂直于横轴   B. 使横轴垂直于竖轴
   C. 使视准轴平行于水准管轴   D. 使水准管轴垂直于竖轴

6. 由一特定方向北端起始，按顺时针方向量到某一直线的水平角，称为该直线的（   ）。
   A. 象限角   B. 方位角   C. 右折角   D. 左折角

7. 某直线段 AB 的坐标方位角为 230°，其两端点间坐标增量的正负号为（   ）。
   A. $-\Delta x, +\Delta y$ B. $+\Delta x, -\Delta y$ C. $-\Delta x, -\Delta y$ D. $+\Delta x, +\Delta y$

8. 对于长度测量来说，一般用（   ）作为衡量精度的指标。
   A. 中误差   B. 相对中误差   C. 权   D. 真误差

9. 三等水准测量的观测顺序是（   ）。
   A. 前—后—前—后   B. 后—前—后—前
   C. 前—前—后—后   D. 后—前—前—后

10. 我国的高斯平面直角坐标系的 X 的自然坐标值为（   ）。
    A. 均为负值   B. 均为正值   C. 有正有负   D. 与投影带有关

11. 对某量进行 9 次等精度观测，已知观测值中误差为±0.3mm，则该观测值的算术平均值的精度为（   ）。
    A. ±0.1mm   B. ±0.3mm   C. ±0.6mm   D. ±0.27mm

12. 水平角观测时，用盘左、盘右两个位置观测可消除（   ）。
    A. 视准轴误差   B. 读数误差
    C. 竖轴倾斜误差   D. 度盘刻划误差

13. 要在 AB 方向上测设一条坡度为-5%的坡度线，已知 A 点的高程为 32.365m，A、B 两点的水平距离为 100m，则 B 点的高程是（   ）m。

A．32.865　　B．31.865　　C．37.365　　D．27.365

14．影响测量精度的因素有（　　）。

A．记错数据　　B．没有照准目标　　C．读错数据　　D．观测者的水平

15．相邻两条等高线垂直投影到同一水平面后，二者之间的水平距离称为（　　）。

A．等高距　　B．基本等高距　　C．等高线平距　　D．等高线高差

二、多项选择题（每题 2 分，共计 30 分）

1．距离测量中，按使用的仪器和工具的不同，主要分为（　　）。

A．钢尺量距　　B．视距测量　　C．电磁波测距　　D．三角测量

2．电磁波测距主要使用的仪器有（　　）。

A．手持测距仪　　　　　　B．电子速测仪

C．红外测距仪　　　　　　D．全站仪

3．关于纵横断面测量，说法正确的有（　　）。

A．纵断面图是通过基平测量、中平测量测定各里程桩高程后编制的表示沿线地形起伏的断面图

B．纵断面测量的主要目的是为设计人员进行纵向设计提供资料

C．横断面图是在中线各里程桩处，垂直于中线方向的有一定宽度的断面图

D．横断面图是土方工程量计算的依据

4．下列施工控制网的特点中，说法正确的是（　　）。

A．控制网点设置应考虑到施工放样的方便

B．控制网精度较高，且具有较强的方向性和非均匀性

C．常采用施工坐标系统

D．投影面的选择应满足"按控制点坐标反算的两点间长度与两点间实地长度之差应尽可能大"的原则

5．全站仪可用于测量（　　）。

A．水平角　　B．竖直角　　C．距离　　D．高差

6．根据观测误差的性质，观测误差可分为（　　）。

A．系统误差　　B．偶然误差　　C．读数误差　　D．真误差

7．水平角观测时，用盘左、盘右两个位置观测可消除（　　）。

A．视准轴误差　　　　　　B．横轴误差

C．竖轴倾斜误差　　　　　D．度盘刻划误差

8．以下属于 GPS 特点的是（　　）。

A．定位精度高　　　　　　B．操作简便

C．可提供三维坐标　　　　D．受天气影响

9．测量中，需要观测垂直角的工作有（　　）。

A．确定地面点的高程位置　　B．将斜距化算为平距

C．水平角的放样　　　　　　D．水准测量

10．下列关于闭合导线测量的说法，正确的有（　　）。

A．闭合导线精度优于附合导线精度

B．闭合导线角度闭合差调整采用按角的个数反符号平均分配

C．衡量闭合导线精度采用导线全长相对闭合差

D．闭合导线角度观测应测量内角

11．关于施工测量的说法，正确的有（　　）。

A．施工测量是将设计的建（构）筑物由图上标定在施工作业面上

B．施工测量也要遵循"从整体到局部、先控制后细部"的原则

C．施工测量的精度要求比地形测量的精度要求低

D．施工现场各种测量标志容易破坏，因此应埋设稳固并易于恢复

12．地面上某一点沿铅垂线方向与大地水准面的距离称为（　　）。

A．相对高程　　　B．海拔　　　C．正高　　　D．绝对高程

13．三角高程测量中的误差来源有（　　）。

A．大气折光的影响　　　　　B．地球球面弯曲的影响

C．观测者的水平　　　　　　D．记错数据

14．平面控制点坐标的测量方法有（　　）。

A．三角测量　　　　　　　　B．导线测量

C．天文定位测量　　　　　　D．GPS 定位测量

15．以下属于圆曲线的主点有（　　）。

A．起点　　　B．直圆点　　　C．圆直点　　　D．曲中点

三、判断题（每题 1 分，共计 10 分）

1．GPS 绝对定位直接获得的测站坐标为西安 80 坐标。（　　）

2．全站仪的圆水准器气泡居中时，垂直轴应与铅垂线平行。（　　）

3．坐标正算就是通过已知点 A、B 的坐标，求出 AB 的距离和方位角。（　　）

4．望远镜的作用是将物体放大，而不是人眼观察物体的视角放大了。（　　）

5．无论是测图控制网还是施工控制网，控制网布设一般均应遵循从整体到局部、分级布网的原则，不允许越级布设平面控制网。（　　）

6．周期误差，加、乘常数是电磁波测距仪检验的三项主要误差。（　　）

7．在测量中，通常可以用算术平均值作为未知量的最或然值，那么通过增加观测次数就可以提高观测值的精度。（　　）

8．地面上两个点之间的绝对高程之差与相对高程之差是不相同的。（　　）

9．为了更好地找寻照准目标，用电磁波测距仪测距时，要选择在中午阳光好时进行观测。（　　）

10．根据"四舍六入"的取值规律，51°23′35″和51°23′34″的平均值是51°23′35″。（　　）

四、简答题（共 4 题，每小题 5 分，总计 20 分）

1．什么是视差？如何消除视差？

2．简述水平角、竖直角的定义。

3．什么是观测条件？

4．偶然误差的基本特性是什么？

五、计算题（共 4 题，第 1、2、3 题各 5 分，第 4 题 10 分，总计 25 分）

1．测得一正方形的边长 a=65.37m±0.03m。试求正方形的面积及其中误差。

2．已知图中所注记的观测值及 X_A=6180.401m，Y_A=1200.700m，X_B=6578.926m，Y_B=1199.000m，S_{AP}=87.966m。试求 P 点的坐标。

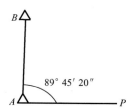

3．有一组观测值如下，计算：（1）最或然值 X；（2）观测值中误差；（3）最或然值中误差。

观测值编号	观测距离/m	v_i	$v_i v_i$
1	300.568		
2	300.547		
3	300.571		
4	300.560		
5	300.557		
平均或求和			

4. 观测简略图如下图，数据见下表，推算各导线边的方位角。

点名	观测角（β）/ (° ′ ″)	改正数（$V_β$）/ (″)	方位角（α）/ (° ′ ″)
A			
B	173 25 13	（ ）	192 59 22
1	77 23 19	（ ）	（ ）
2	158 10 46	（ ）	（ ）
3	193 35 13	（ ）	（ ）
C	197 58 03	（ ）	（ ）
D			93 31 10

在线答题

参考文献

陈传胜，张鲜化，2023. 控制测量技术[M]. 2版. 武汉：武汉大学出版社.
陈日东，陈涛，2021. 园林测量[M]. 2版. 北京：中国林业出版社.
梁永平，2023. 工程测量实训指导手册[M]. 2版. 北京：中国铁道出版社.
石东，陈向阳，2023. 建筑工程测量[M]. 3版. 北京：北京大学出版社.
谢爱萍，2021. 道路工程测量[M]. 武汉：武汉理工大学出版社.
张敬伟，马华宇，2022. 建筑工程测量实验与实训指导[M]. 4版. 北京：北京大学出版社.
张敬伟，马华宇，2023. 建筑工程测量[M]. 4版. 北京：北京大学出版社.
赵玉肖，吴聚巧，2022. 工程测量[M]. 3版. 北京：北京理工大学出版社.